Kant: Glaube-Hoffen-Tun

GRAVITATION

GRUNDRI…

VERTIEFUNGEN

Anhang

GRUNDRISS

1 NEWTON'SCHE GRAVITATION

1.1 Das Gravitationsgesetz

Die Gravitation ist die älteste der bekannten Wechselwirkungen und aus dem Alltag wohlvertraut. Ihr Name leitet sich von dem lateinischen Wort *gravitas* (Schwere) ab. Sie ist nicht nur dafür verantwortlich, dass losgelassene Gegenstände auf den Boden fallen, sondern hält auch die Planeten auf ihrer Umlaufbahn um die Sonne. Sie ist die dominierende Wechselwirkung für das Universum auf großen Skalen.

Die moderne Beschreibung der Schwere setzt mit Isaac Newton (1643–1727) und seiner Theorie der universellen Gravitation ein. Diese hatte als fundamentale Theorie über zwei Jahrhunderte lang Bestand und wird auch heute noch als Näherung benutzt. Sie wurde erst 1915 durch die Allgemeine Relativitätstheorie von Albert Einstein (1879–1955) abgelöst, in der Gravitation als Manifestation der Geometrie von Raum und Zeit aufgefasst wird. Das erste Kapitel ist der Newton'schen Theorie gewidmet, der Rest des Bandes der Einstein'schen Theorie und ihren Anwendungen.

Newtons Theorie der universellen Gravitation besagt, dass sich je zwei Massen im Universum mit einer Kraft anziehen, die entlang der Verbindungslinie der Massen wirkt und umgekehrt proportional zum Quadrat des Abstandes ist. Diese Kraft wirkt instantan und wird deshalb als Fernwirkungskraft bezeichnet. Bezeichnen M und m die beiden Massen, r ihren Abstand, so ist die Größe dieser Kraft durch den Ausdruck

$$F = -\frac{GMm}{r^2} \qquad (1)$$

gegeben. Das Minuszeichen bringt zum Ausdruck, dass es sich um eine anziehende Kraft handelt (die Kraft zwischen zwei elektrischen Ladungen gehorcht ebenfalls einem solchen Gesetz, doch ergibt sich nur bei ungleichnamigen Ladungen Anziehung, bei gleichnamigen liegt Abstoßung vor). Die Stärke dieser Wechselwirkung ist durch die Gravitationskonstante G bestimmt, wobei

$$G \approx 6{,}67 \times 10^{-11} \, \frac{Nm^2}{kg^2} \, . \qquad (2)$$

Das bedeutet, dass sich zwei Massen von je einem Kilogramm (kg) in einem Abstand von einem Meter (m) mit der winzigen Kraft von $6{,}67 \cdot 10^{-11}$ Newton (N) anziehen. Zum Vergleich: Die Gewichtskraft einer Person mit einer Masse von 100 kg beträgt auf der Erde ungefähr 1000 N. Die reine r-Abhängigkeit von [1] ist beispielsweise dafür verantwortlich, dass größere Himmelskörper annähernd kugelförmig sind. Veröffentlicht wurde das Gravitationsgesetz in Newtons Hauptwerk *Philosophiae naturalis principia mathematica* (Mathematische Prinzipien der Naturlehre) von 1687. Dort finden sich auch die drei Newton'schen Gesetze der Mechanik, welche die Bewegung von Massen unter äußeren Kräften – natürlich insbesondere Gravitationskräften – festlegen. Das erste Gesetz lautet:

- Ein Körper verharrt in Ruhe oder im Zustand der gleichförmig-geradlinigen Bewegung, wenn keine äußeren Kräfte auf ihn wirken.

Das ist das so genannte Trägheitsprinzip, dessen Wurzeln sich bereits bei Galileo Galilei (1564–1642) finden lassen. Galilei hatte dieses Prinzip in seinen Studien zur Bewegungslehre entdeckt, es allerdings noch nicht auf Himmelskörper angewandt. Natürlich gilt das Prinzip nicht in allen Bezugssystemen – in einem rotierenden System (man denke an ein Karussell) gibt es zusätzliche Kräfte, unter anderem die nach außen gerichtete Zentrifugalkraft. Man nennt solche Kräfte Trägheitskräfte oder (etwas unglücklich) Scheinkräfte. Die nichttriviale Aussage des ersten Newton'schen Gesetzes besteht darin, dass es Bezugssysteme gibt, in denen die Trägheitskräfte verschwinden und in denen sich Körper, die keinen äußeren Kräften unterliegen, auf Geraden und mit konstanter Geschwindigkeit bewegen. Solche Bezugssysteme nennt man Inertialsysteme (vom lateinischen *inertia* = Trägheit). Die Existenz von Inertialsystemen bestimmt alleine schon die Struktur der Raumzeit (siehe Kap. 1.3). Das zweite Newton'sche Gesetz legt dann die genaue Dynamik der Körper unter dem Einfluss äußerer Kräfte fest. Es besagt:

- Wirkt eine äußere Kraft F auf einen Körper der Masse m, so gilt

$$ma = F\ , \qquad (3)$$

wobei a die Beschleunigung des Körpers bezeichnet. (Streng genommen handelt es sich um drei Gleichungen für die drei räumlichen Komponenten von Beschleunigung und Kraft.)

Mathematisch gesprochen handelt es sich bei dieser Gleichung um eine Differentialgleichung (die Beschleunigung ist gleich der zweiten Ableitung des Ortes), da sie die lokale zeitliche Änderung von Größen (hier des Ortes) beschreibt. Aus der Theorie dieser Gleichungen folgt, dass die Bewegung eines Körpers vollständig bestimmt (determiniert) ist, wenn zu irgendeiner Zeit dessen Ort und dessen Impuls (Masse mal Geschwindigkeit) festgelegt werden. Es war eine weitere große Leistung Newtons, die zu diesem Zweck benötigten mathematischen Hilfsmittel (die Differential- und Integralrechnung) selbst entwickelt zu haben.

Um [3] anwenden zu können, muss eine konkrete äußere Kraft F vorgegeben werden. In der klassischen Mechanik handelt es sich dabei oft um die Gravitationskraft [1], doch finden auch andere Kräfte (z. B. die rücktreibende Kraft bei einer Feder) Anwendung. Im Falle der Gravitationskraft folgt aus dem Vergleich von [1] mit [3], dass die Beschleunigung eines Körpers der Masse m, der in Wechselwirkung mit einem anderen Körper der Masse M steht, durch

$$a = -\frac{GM}{r^2}, \quad (4)$$

gegeben ist. Handelt es sich bei M um die Masse der Erde, so benutzt man statt a oft den Buchstaben g. Auf der Erdoberfläche hat die Gravitationsbeschleunigung g den Wert $g \approx 9{,}81$ Meter pro Sekunde im Quadrat (m/s^2). Das dritte Newton'sche Gesetz besagt schließlich:

- Wirkt ein Körper A auf einen Körper B mit der Kraft F, so wirkt Körper B auf Körper A mit der entgegengesetzten Kraft –F.

Dieses Gesetz, das man gerne als »actio gleich reactio« bezeichnet, ist beispielsweise dafür verantwortlich, dass sich Münchhausen nicht an seinem eigenen Schopf aus dem Sumpf ziehen kann. Es ist alles andere als selbstverständlich, dass die Masse m im Gravitationsgesetz [1] gleich der Masse m im zweiten Newton'schen Gesetz [3] ist. Im Prinzip hat man zunächst zwei unterschiedliche Größen, die man als schwere Masse m_s beziehungsweise als träge Masse m_t bezeichnet. Man fände dann aus dem Vergleich von [1] und [3], dass

$$m_t a = -\frac{GMm_s}{r^2}. \quad (5)$$

Die erstaunliche Erfahrungstatsache, dass träge und schwere Masse übereinstimmen, war schon Galilei und Newton bekannt. Da sich dann $m_s = m_t = m$ aus [5] herauskürzt, haben alle Körper, die unter dem gravitativen Einfluss einer Masse M (man spricht auch vom Gravitationsfeld dieser Masse) stehen, die gleiche Beschleunigung. Die Übereinstimmung von träger und schwerer Masse wird als Äquivalenzprinzip bezeichnet. Dieses Prinzip ist der Ausgangspunkt für Einsteins Allgemeine Relativitätstheorie und findet erst dort seine befriedigende Erklärung (siehe Kap. 2). Wie hat man die Gravitation vor Newton beschrieben? Für lange Zeit waren die Schriften des Aristoteles (384–322 v. Chr.) maßgeblich gewesen. Dort gingen Astronomie und Physik noch getrennte Wege. Erde und Himmelskörper sollten aus unterschiedlicher Materie bestehen (den vier Elementen Wasser, Feuer, Erde, Luft bzw. dem himmlischen Element, das man Äther oder Quintessenz nannte). Die Astronomie beschrieb die natürlichen Bewegungen der Himmelskörper, bei denen es sich um Kreisbewegungen (oder Überlagerungen von solchen) handelte. Tatsächlich ging es der Astronomie nur um Beschreibung und Vorhersage, nicht um eine Erklärung des Beobachteten. So hieß auch das berühmte Werk des Ptolemäus (ca. 100 – ca. 160) nur *Mathematische Zusammenstellung* (bekannt unter dem arabischen Namen *Almagest*). Die Vorhersagekraft der Ptolemäischen Astronomie war so groß, dass sie bis zur kopernikanischen Wende Bestand hatte.

Im Gegensatz zum himmlischen Bereich waren die natürlichen Bewegungen für die Physik die Bewegungen, die aufgrund einer inneren Neigung der Körper zum Erdmittelpunkt hin (für die Elemente Erde und Wasser) oder davon weg (für Feuer und Luft) gerichtet waren. Alle anderen Bewegungen waren »erzwungen«. Die aristotelische Physik hatte nicht zuletzt deshalb so lange Bestand, weil sie die unmittelbare Anschauung beschreibt. Schließlich ist sie aber, wie man gesagt hat, »an ihrem Positivismus zugrunde gegangen«. Die direkte Anschauung verdeckt fundamentale Gesetzmäßigkeiten, die erst in idealisierten Situationen deutlich zutage treten. Aus diesem Grund musste die Vernunft theoretischer werden und auf die unmittelbare Anschauung verzichten.

Den ersten Schritt in diese Richtung vollzog Kopernikus mit der Einführung des heliozentrischen Weltbildes. Indem er die Sonne in den Mittelpunkt stellte, wies er den Blick auf den Himmelskörper, der dann bei Newton durch seine Anziehungskraft zur eigentlichen Ursache der Dynamik im Sonnensystem werden sollte. Im Unterschied zur ptolemäischen Astronomie ging es auch nicht mehr nur darum, die »Erscheinungen zu retten«, sondern es sollte die Realität beschrieben werden. Einen wesentlichen Schritt zur Vereinigung von Physik und Astronomie lieferte Johannes Kepler (1571–1630). Nach der Auswertung von reichhaltigem Beobachtungsmaterial, das der dänische Astronom Tycho Brahe (1546–1601) mit Keplers entscheidender Hilfe zusammengestellt hatte, konnte er drei Gesetze der Planetenbewegungen formulieren, die eine zentrale Rolle bei der Aufstellung des Gravitationsgesetzes [1] spielten.

Die drei Kepler'schen Gesetze lauten:

1. Die Planeten bewegen sich auf Ellipsenbahnen um die Sonne, die in einem Brennpunkt der Ellipse steht.
2. Die Verbindungsstrecke Sonne–Planet überstreicht in gleichen Zeiten gleiche Flächen (»Flächensatz«).
3. Die Quadrate der Umlaufzeiten zweier Planeten verhalten sich wie die dritten Potenzen der großen Halbachsen ihrer Ellipsenbahnen.

Die ersten beiden Gesetze hat Kepler in seiner *Astronomia Nova* (Neue Astronomie) von 1609 publiziert. Mit der Einführung der Ellipsenbahnen hat er mit den aristotelischen Kreisbahnen gebrochen. In Abb.1 sind die Parameter einer Ellipse skizziert; a bezeichnet die große, b die kleine Halbachse, und e ist die Exzentrizität der Ellipse.

Sein drittes Gesetz publizierte er 1619 in seiner *Harmonices Mundi* (Harmonie der Welt). Im Unterschied zu den Differentialgleichungen von Newton machen die Kepler'schen Gesetze Aussagen über die gesamte Planetenbahn – man spricht deshalb von Integralgesetzen. Einstein hat Keplers Leistung treffend charakterisiert: »Aus Keplers wunderbarem Lebenswerk erkennen wir besonders schön, dass aus bloßer Empirie allein die Erkenntnis nicht erblühen kann, sondern nur aus dem Vergleich von Erdachtem mit dem Beobachteten.« In der Dynamik der von Galilei entdeckten Jupitermonde fanden die Kepler'schen Gesetze eine glänzende Bestätigung.

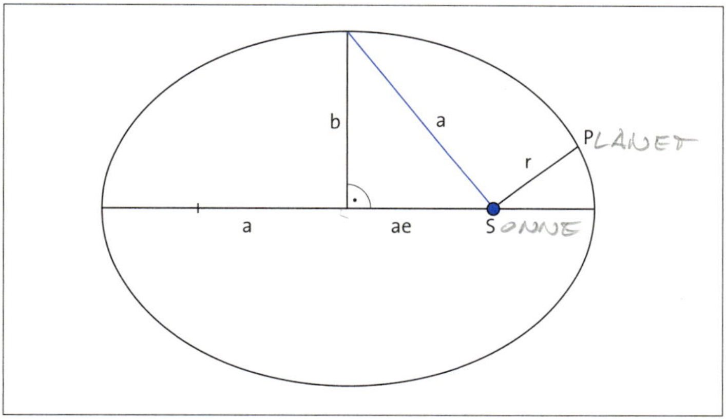

Abb. 1: Ellipsenbahn eines Planeten (P) um die Sonne (S).

Ein weiterer wichtiger Schritt in Richtung [1] gelang Christiaan Huygens (1629–1695). Beeinflusst von Descartes (und deshalb noch der mechanistischen Denkweise verhaftet), konnte er eine formale Beschreibung der Zentrifugalkraft geben. Er betrachtete dazu zwei dynamisch äquivalente Situationen: Ein Körper hänge einmal in Ruhe im Gravitationsfeld der Erde, ein anderes Mal werde er auf einer Kreisbahn derartig gedreht, dass die Zentrifugalkraft gerade gleich dem Gewicht des hängenden Körpers ist (was sich z. B. mit einer Federwaage messen lässt). Huygens fand mit Hilfe dieser Überlegungen den Ausdruck für die Zentrifugalkraft:

$$F = \frac{mv^2}{r}, \qquad (6)$$

wobei v die Geschwindigkeit der Kreisbewegung und r den Radius bedeuten. Dies entspricht einer Beschleunigung $a=v^2/r$. Bei dieser Argumentation spielte das Äquivalenzprinzip eine wichtige Rolle.

Newton begründete die Gültigkeit des $1/r^2$-Kraftgesetzes [1] durch seine berühmte »Mondrechnung«, in der er zeigte, dass der Fall eines Apfels die gleiche Ursache hat wie die Mondbewegung um die Erde.

Bezeichnen g_A die Gravitationsbeschleunigung des Apfels und g_M die des Mondes, so heben sich gemäß [4] in deren Verhältnis Erdmasse M und Gravitationskonstante G heraus, und man erhält

$$\frac{g_A}{g_M} = \left(\frac{r_M}{r_A}\right)^2 . \qquad (7)$$

Darin bezeichnen r_M und r_A die jeweiligen Abstände von Apfel und Mond zum Erdmittelpunkt, wobei Newton bekannt war, dass r_M ungefähr sechzigmal so groß wie r_A ist. Um zu testen, ob diese Formel stimmt, muss man also noch die Werte von g_A und g_M einsetzen. Für g_A hat man natürlich die schon genannten $g_A \approx 9{,}81\, m/s^2$. Wie groß ist g_M? Hier konnte Newton auf Huygens' Ergebnisse zurükkgreifen. Damit der Mond auf seiner Bahn bleibt (hier vereinfachend als Kreisbahn angenommen), müssen sich Zentrifugalbeschleunigung (von der Erde weg) und Gravitationsbeschleunigung g_M (zur Erde hin) ausbalancieren. Da die Zentrifugalbeschleunigung durch den Ausdruck $a_M = v_M^2/r_M$ gegeben ist, hat man also

$$g_M = \frac{v_M^2}{r_M} = \frac{4\pi^2 r_M}{T_M^2} , \qquad (8)$$

wobei noch berücksichtigt wurde, dass die Geschwindigkeit gleich Umfang geteilt durch Umlaufdauer (Periode) T_M ist, also $v_M = 2\pi r_M/T_M$. Setzt man nun für die Periode der Mondbahn $T_M \approx 27{,}3$ Tage und für r_M sechzig Erdradien ein (mit dem Erdradius ungefähr gleich 6378 km), so findet man $g_M \approx 2{,}71 \cdot 10^{-3}\, m/s^2$ und somit $g_A/g_M \approx 3600$, in exzellenter Übereinstimmung mit [7]! Das Gravitationsgesetz [1] gilt also gleichermaßen für Apfel und Mond. Im Sinne der aristotelischen Physik – falls auf den Bereich der Astronomie angewandt – wäre die Mondbewegung eine »erzwungene«, da sich Erde und Mond zwar anziehen, aber nicht aufeinander zu bewegen. Diese Übereinstimmung ist freilich nur glaubwürdig, wenn sich eine homogene Kugel (die Erde ist näherungsweise eine solche), die sich aus Teilchen zusammensetzt, welche sich gemäß [1] anziehen, so verhält, als sei ihre Masse im Mittelpunkt vereinigt. Diese Tatsache konnte Newton mathematisch beweisen. Die Kraft auf den Apfel hängt schließlich nicht vom Abstand zur Erdoberfläche, sondern vom Abstand zum Erdmittelpunkt ab. Newton ist es auch gelungen zu zeigen, dass die Kepler'schen Gesetze aus dem Gravitationsgesetz [1] abgeleitet werden können. Das zweite Kepler'sche Gesetz gilt tatsächlich für alle Kräfte, die nur vom Abstand r abhängen, nicht nur für Kräfte, die proportional zu $1/r^2$ sind. Dieses Gesetz ist Ausdruck der Erhaltung des Drehimpulses (der Drehimpuls ist gleich Impuls mal Abstand Planet-Sonne). Das erste und dritte Kepler'sche Gesetz gelten ausschließlich für ein $1/r^2$-Kraftgesetz. Für zwei beliebige Massen m_1 und m_2 lässt sich das dritte Gesetz in der Form schreiben

$$G(m_1+m_2) = \left(\frac{2\pi}{T}\right)^2 a^3 = \omega^2 a^3 , \qquad (9)$$

wo a wieder die große Halbachse der Ellipse, T die Bahnperiode und ω die Kreisfrequenz bedeuten. Im Falle der Planetenbewegung ist $m_1 + m_2$ approximativ gleich der Sonnenmasse, da die Planetenmassen im Vergleich zu ihr vernachlässigbar klein sind.

All diese Erfolge verliehen der Vorstellung von der universellen Gravitation allgemeine Akzeptanz. Dies obwohl es zunächst eine überaus erstaunliche Tatsache ist, dass sich alle Körper gleichermaßen anziehen. Die Gesetze der Gravitation gelten nicht nur für die Bewegung von Planeten und Monden im Sonnensystem. William Herschel (1738–1822) hat festgestellt, dass auch die Bahnbewegungen von Doppelsternen umeinander dem Newton'schen Gravitationsgesetz gehorchen.

Um [1] in der Praxis benutzen zu können, muss der Wert der Gravitationskonstanten G bekannt sein. In [2] wurde bereits ein approximativer Wert angegeben. Wie aber misst man G? Um aus einer Gewichtsmessung an der Erdoberfläche G bestimmen zu können, bräuchte man die Kenntnis der Erdmasse. Diese war Newton aber noch nicht bekannt. So dauerte es noch über ein Jahrhundert, bevor

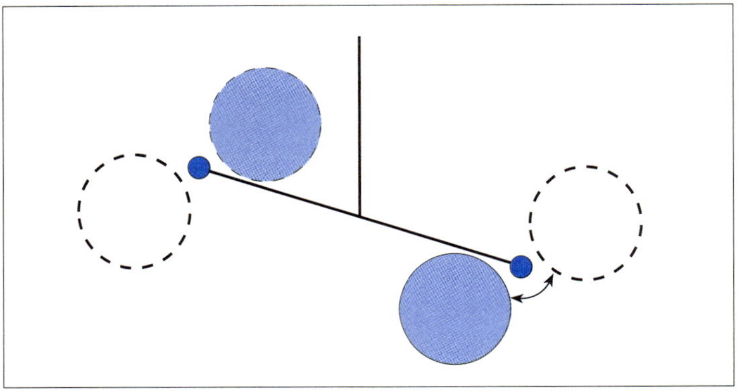

Abb. 2: Prinzip des Cavendish-Experiments zur Bestimmung der Gravitationskonstante

G experimentell bestimmt werden konnte. Basierend auf Vorschlägen von John Michell führte Henry Cavendish 1798 ein Experiment mit einer so genannten Torsionswaage durch, dessen Idee in Abb. 2 skizziert ist.

An einem frei drehbaren Faden hängt ein Balken, an dessen Enden zwei Testmassen angebracht sind. Zwei schwere Massen ziehen diese Testmassen einmal von der einen, einmal von der anderen Seite an. Das ergibt einen messbaren Ausschlag der Stabenden in entgegengesetzte Richtungen, aus denen sich die ausgeübte Kraft und somit (wegen der Kenntnis der Massen) *G* bestimmen lässt. Cavendishs Experimente hatten auch insofern große Bedeutung, als man mit dem gewonnenen Wert zum ersten Mal eine Abschätzung der Größe von Erd- und Sonnenmasse erhielt.

Im Vergleich zu anderen Naturkonstanten ist die Gravitationskonstante auch heute noch relativ ungenau bekannt. Neben der Schwäche der gravitativen Anziehung liegt das auch daran, dass sich störende Gravitationsfelder nicht abschirmen lassen. Ein Präzisionsexperiment wurde 2002 von einer Gruppe an der Universität Zürich

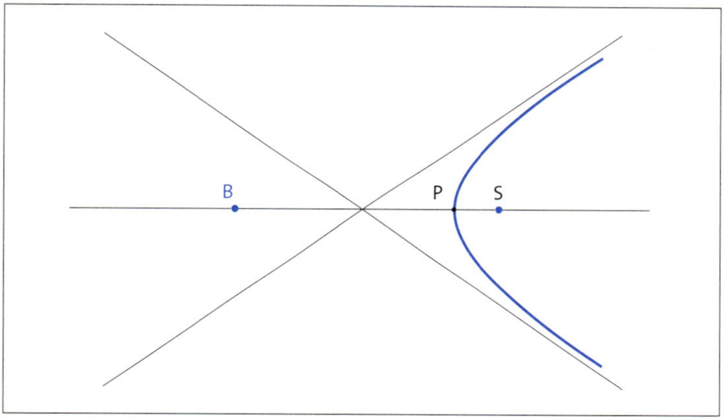

Abb. 3: Hyperbelbahn

durchgeführt. Statt der schweren Massen im Cavendish-Experiment hat man dort zwei Tanks benutzt, die mit jeweils 500 Liter Quecksilber gefüllt sind. Das gefundene Resultat beträgt $G = (6{,}67407 \pm 0{,}00022) \cdot 10^{-11} Nm^2/kg^2$.

1.2 Bewegungen im Sonnensystem

Das Newton'sche Gravitationsgesetz hat sich zur Beschreibung der Planetenbahnen bestens bewährt, da es insbesondere eine einheitliche dynamische Begründung der Kepler'schen Gesetze liefert. Löst man die Newton'sche Bewegungsgleichung [3] für die gravitative Anziehung zweier Massen, so findet man, dass nicht nur Ellipsen mögliche Bahnbewegungen darstellen, sondern auch Hyperbeln und Parabeln, dass also sämtliche Kegelschnitte als Bahnen vorkommen können. Letztere beschreiben nicht gebundene, sondern offene Bewegungen – das Objekt kommt aus beliebig weiter Entfernung bzw. fliegt in beliebig weite Entfernung. Das ist etwa für Kometen bzw. Raumsonden zur Planetenerkundung der Fall. Sonden können weiter ins All fliegen, wenn sie den Schwung durch das Gravitationsfeld eines Planeten ausnutzen. So konnte etwa die Sonde Voyager 2 durch Vorbeifliegen am Riesenplaneten Jupiter die Entweichgeschwindigkeit für das Sonnensystem überschreiten und zu den Planeten Uranus und Neptun gelangen.

Eine Hyperbelbahn ist in Abb. 3 dargestellt, wobei in diesem Beispiel die Bewegung um die Sonne (abgekürzt: S) erfolgen soll, die wieder in einem der beiden Brennpunkte steht. (Bei einer abstoßenden Kraft, wie sie zwischen gleichnamigen Ladungen herrscht, stände sie im zweiten Brennpunkt B.)

Diese Ergebnisse gelten exakt allerdings nur für den Fall der Anziehung *zweier* Massen (das so genannte Zweikörperproblem). In Wirklichkeit spielt jedoch der Einfluss weiterer Massen eine mehr oder weniger wichtige Rolle; man denke etwa an das System Erde-Mond-Sonne. Schon der Fall dreier Massen (das so genannte Dreikörperproblem) ist aber im Allgemeinen nicht mehr exakt lösbar. Man spricht auch davon, dass das System der Gleichungen nicht mehr integrabel sei. Dies wurde Ende des 19. Jahrhunderts von Heinrich Bruns und Henri Poincaré bewiesen. Der tiefere Grund liegt darin, dass ab drei Körpern nicht mehr genügend Erhaltungssätze zur Verfügung stehen, um die Gleichungen zu »integrieren« (obwohl die Zahl der Freiheitsgrade mit zunehmender Anzahl von Massen immer größer wird, steht jeweils nur die gleiche Zahl von Erhaltungssätzen zur Verfügung, nämlich die zehn Erhaltungssätze für Energie, Impuls, Drehimpuls und Schwerpunkt). Man hat deshalb ausgefeilte Näherungsverfahren zur Berechnung von Bahnen entwickelt. Diese sind äußerst erfolgreich und führten dazu, dass Ende des 18. Jahrhunderts ein neues Spezialgebiet entstanden ist – die Himmelsmechanik. Beherrschend wurde die Vorstellung von Pierre Simon Laplace (1749–1827), dass die Natur ein gigantisches mechanisches Uhrwerk sei, dessen Abläufe im Prinzip mit beliebiger Genauigkeit berechnet werden können.

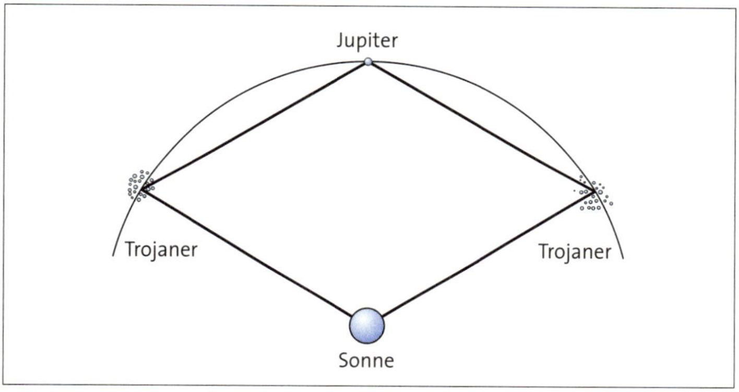

Abb.4: Die Trojaner

Ein wichtiger Spezialfall in der Himmelsmechanik ist das von Joseph Louis Lagrange (1736–1813) diskutierte »eingeschränkte Dreikörperproblem«, bei dem eine der drei Massen viel kleiner als die beiden anderen ist. Hierfür gibt es stabile Lösungen beispielsweise dann, wenn die drei Massen immer ein gleichseitiges Dreieck bilden. Realisiert ist dieser Fall etwa durch die Trojaner, das sind Kleinplaneten, die mit Jupiter und Sonne ein gleichseitiges Dreieck bilden (Abb.4).

Die Himmelsmechanik feierte große Erfolge. So konnte etwa der von Giuseppe Piazzi am ersten Tag des Jahres 1801 entdeckte Planetoid Ceres durch eine von Carl Friedrich Gauß (1777–1855) entwickelte neue Methode der Bahnberechnung wieder gefunden werden. Zu erwähnen sind weiterhin die Erklärung der Mondbewegung und die 1846 erfolgte Entdeckung des Planeten Neptun aufgrund von Bahnunregelmäßigkeiten des Uranus (eine »Entdeckung durch reine Mathematik«, wie einige Zeitgenossen jubelten). Auch die Periheldrehung des Planeten Merkur wurde im Rahmen der Himmelsmechanik untersucht. Solange man nur zwei Körper betrachtet (Sonne und Merkur), bleibt die Richtung von der Sonne zum Perihel (dem sonnennächsten Punkt der Planetenbahn) konstant. Der Einfluss der anderen Planeten führt jedoch zu einer Drehung des Perihels. Von der beobachteten Drehung von etwa 532 Bogensekunden pro Jahrhundert konnten 489 Bogensekunden auf diesen Einfluss zurückgeführt werden. Die restlichen 43 Bogensekunden blieben unverstanden. In der Tat konnte erst die Allgemeine Relativitätstheorie diese verbleibende Drehung erklären (siehe Kap. 3.1).

Bei der Bewegung der Planeten geht man in erster Näherung davon aus, dass sie sich als Massenpunkte beschreiben lassen. In Wirklichkeit handelt es sich natürlich um ausgedehnte Körper. So ist etwa die Ausdehnung der Erde dafür verantwortlich, dass der gravitative Einfluss des Mondes auf einen Körper auf der Erdoberfläche (z. B. auf einen Wassertropfen) auf der mondabgewandten Seite kleiner ist als auf den Erdmittelpunkt, der Einfluss auf der mondzugewandten Seite hingegen größer als auf den Erdmittelpunkt. Diese Differenz ist die Ursache der Gezeiten, weshalb man auch von »Gezeitenkräften« spricht. Auf der mondzugewandten Seite weisen die Gezeiten also in Richtung des Mondes, auf der mondabgewandten Seite vom Mond weg; die Periode der Gezeiten ist ein halber Mondtag. Die Gezeitenbeschleunigung ist durch den Ausdruck

$$a = \frac{2GMR}{r^3} \qquad (10)$$

gegeben, wobei r die Entfernung des Mondes (oder der Sonne) zum Erdmittelpunkt, M die Masse des Mondes (oder der Sonne) und R der Erdradius sind. Außer den Gezeiten selbst gibt es viele weitere Manifestationen von Kräften dieser Art, unter anderem:

- Der Monat dauert im Vergleich zum dritten Kepler'schen Gesetz um etwa eine Stunde länger. Das Kepler'sche Gesetz ist für das System Erde-Mond wegen des zusätzlichen Einflusses der Sonne nicht exakt gültig.
- Die Mondknoten (Schnittpunkte der Mondbahn mit der Erdbahnebene) bewegen sich mit einer Periode von etwa 18,61 Jahren

Abb. 5: Die Schäfermonde des Saturn

(diese Bewegung verursacht die so genannte Nutationsbewegung der Erdachse).

- Die Apsidenlinie (Verbindung von erdnächstem und erdfernstem Punkt der Mondbahn) bewegt sich mit einer Periode von 8,85 Jahren.
- Die Erdachse präzediert mit einer Periode von etwa 26000 Jahren um die Senkrechte zur Erdbahnebene.

Hierbei spielt insbesondere der Einfluss der Sonne eine Rolle. Die Möglichkeit, diese Effekte genauestens berechnen zu können, belegt die hohe Vorhersagekraft der Newton'schen Gravitationstheorie.

Bei großer Annäherung zweier Körper können Gezeitenkräfte so stark werden, dass sie einen Körper zerreißen. Ein Beipiel ist der Komet Shoemaker-Levy, der 1994 durch den Riesenplaneten Jupiter zerrissen wurde (was im Internet live verfolgt werden konnte). Die kritische Grenze bei einer solchen Annäherung ist die nach Edouard Roche benannte Roche-Grenze. Beispielsweise liegen die Saturnringe (und die Ringe der anderen äußeren Planeten) innerhalb dieser Grenze. Während Monde in dieser Zone instabil sind, bestehen die Ringe selbst aus kleinen Teilchen, die durch Kohäsionskräfte zusammengehalten werden. Allerdings wird der äußerste Saturnring durch zwei kleine Monde (die »Schäfermonde« Prometheus und Pandora) zusammengehalten, die sich in der Nähe des Rings aufhalten (siehe Abb. 5).

Das Studium der Dreikörperbewegung im Sonnensystem führte insbesondere durch Arbeiten von Henri Poincaré zur Entdeckung chaotischen Verhaltens. Darunter versteht man eine äußerst empfindliche Abhängigkeit der Bewegung von Anfangsbedingungen. Natürlich determinieren die Newton'schen Gleichungen [3] bei gegebenem Anfangsort und gegebener Anfangsgeschwindigkeit die Bahn eines Körpers vollständig. Bei chaotischen Bewegungen können sich aber winzig kleine Unterschiede in den Anfangsbedingungen im Laufe der Zeit dermaßen aufschaukeln, dass jede Möglichkeit der Berechnung über längere Zeiten verloren geht. Chaotisches Verhalten kann sich etwa durch einen abrupten Sprung in der Exzentrizität der Bahnellipse äußern. Im Folgenden seien einige Beispiele besprochen.

Das erste Beispiel betrifft die Planetoiden (auch Kleinplaneten oder Asteroiden genannt), von denen sich die meisten zwischen Mars und Jupiter bewegen. Bereits im 19. Jahrhundert hat man festgestellt, dass manche Werte für die große Halbachse der Bahnellipsen nicht vorkommen. Typischerweise handelt es sich dabei um Werte, bei denen die entsprechenden Perioden in einem ganzzahligen Verhältnis zur Umlaufdauer des Jupiter stehen. Ein Beispiel ist die »3:1-Resonanz«, bei der drei Umläufe des Planetoiden einem Umlauf des Jupiter entsprechen. Der Grund für die Abwesenheit liegt darin, dass sich Jupiter und Planetoid nach regelmäßigen Zeitintervallen am gleichen Ort nahe kommen. Allerdings wird der Planetoid nicht direkt durch Jupiters Schwerkraft abgelenkt, sondern es entsteht eine durch die Gravitation induzierte chaotische Bewegung, die plötzlich zu einer hochgradig exzentrischen Bahnellipse führt und dadurch den Planetoiden in andere Raumgebiete bringt. So kann er zum Beispiel in Mars- oder Erdnähe gelangen, wo er dann von diesen Planeten eingefangen und zum Meteoriten wird. Chaotische Bewegung entsteht bevorzugt in der Nähe von Resonanzen, wobei es aber auch stabilisierende Resonanzen gibt: Die oben erwähnten Trojaner gehören dazu (Abb. 4), aber auch die 3:2-Resonanz in den Umlaufzeiten von Pluto und Neptun.

Variiert man bei Pluto, dem äußersten Planeten, in Gedanken Ort und Geschwindigkeit zu einem bestimmten Zeitpunkt ein wenig, so findet man, dass sich nach einem Zeitraum von etwa 100 Millionen Jahren eine sehr große (exponentielle) Abweichung in den entstehenden Bahnen ergibt. Das bedeutet, dass sich die Plutobahn auf dieser Zeitskala nicht mehr vorhersagen lässt. Wie sich aus Rechnungen insbesondere von Jacques Laskar (Paris) ergeben hat, verhält sich das gesamte Sonnensystem auf einer Zeitskala von etwa vier Millionen Jahren chaotisch (dies ist zu vergleichen mit dem Alter des Sonnensystems von etwa 4,5 Milliarden Jahren). Das bedeutet freilich nicht, dass sich nach dieser Zeit katastrophale Ereignisse, wie der Zusammenprall von Erde und Venus, ereignen müssen – nur die Berechenbarkeit bricht zusammen (man spricht auch von »schwachem Chaos«). In den Worten von Jack Wisdom: »Gott würfelt selbst in einer klassischen Welt.« Kollisionen ereignen sich vermutlich auf einer sehr viel größeren Zeitskala. Allerdings ist es durchaus denkbar, dass Himmelskörper aus dem Sonnensystem herausgeworfen werden können.

Untersuchungen dieser Art sind nur durch den Einsatz von Hochleistungsrechnern möglich. Damit hat man auch festgestellt, dass das Sonnensystem in der Tat bereits »voll« ist: Setzt man in den Rechnungen ein Objekt in eine Lücke, so ergibt sich mit ziemlicher Sicherheit eine instabile Bahn; für den Fall einer stabilen Bahn fand man bisher meistens durch Beobachtung tatsächlich einen Himmelskörper, der sich dort bewegt.

Wie erwähnt kann Chaos bevorzugt in der Nähe von Resonanzen stattfinden. Insofern hat der Mond eine stabilisierende Wirkung auf die Erde, als die durch ihn bewirkte Präzession der Erdachse von etwa 26000 Jahren (siehe oben) schnell genug ist, um Resonanzen der Erdachse mit anderen gravitativen Einflüssen zu verhindern. Da hierdurch ein einigermaßen stabiles Klima garantiert ist, mag die Gegenwart von Monden wie unserem Erdmond notwendig sein, um höheres Leben zu ermöglichen. Beim Planeten Mars etwa ist ein Mond dieser Größe nicht vorhanden. Einen Beitrag zur Sicherheit auf der Erde leistet auch der Planet Jupiter, indem er für die Ablenkung von bedrohlichen Asteroiden sorgt.

1.3 Raum und Zeit bei Newton

Alle bekannten physikalischen Gesetze sind Gesetze in Raum (drei Dimensionen) und Zeit (eine Dimension) beziehungsweise in der »Raumzeit« (vier Dimensionen). Dabei bedingen sich die jeweilige Natur der Gesetze und die Vorstellungen von Raum und Zeit gegenseitig. Üblicherweise versteht man unter einer Raumzeit immer eine Menge von möglichen Ereignissen, auch »Weltpunkte« genannt (mathematisch durch eine so genannte vierdimensionale Mannigfaltigkeit beschrieben). Dies wird vermutlich erst durch eine Theorie

S. 115 der **Quantengravitation** abgeändert werden.

Für die Formulierung der Mechanik und des Gravitationsgesetzes benötigte Newton die Begriffe von absolutem Raum und absoluter Zeit. Er schreibt dazu in den *Principia*: »Der absolute Raum bleibt vermöge seiner Natur und ohne Beziehung auf einen äußeren Gegenstand stets gleich und unbeweglich. ... Die absolute, wahre und mathematische Zeit verfließt an sich und vermöge ihrer Natur gleichförmig, und ohne Beziehung auf irgend einen äußern Gegenstand.« In Abb. 6 ist die Newton'sche Raumzeit skizziert.

Sie kann verstanden werden als Auffächerung von dreidimensionalen flachen Räumen (in der Zeichnung als Ebenen dargestellt) zu jeweils einer festen Zeit (dem »Augenblick«). Da es sich um flache

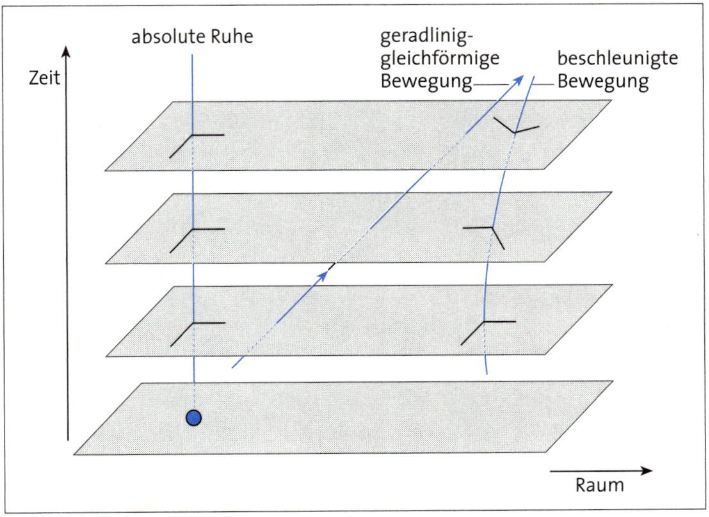

Abb. 6: Newton'sche Raumzeit

Räume handelt, gelten in ihnen die Gesetze der euklidischen Geometrie. Für je zwei Ereignisse ist objektiv entscheidbar, ob sie gleichzeitig sind oder nicht – die äußere Welt entwickelt sich *in* der Zeit. Das Gravitationsgesetz basiert auf dieser Vorstellung von einer absoluten Gleichzeitigkeit.

Dargestellt sind auch drei Bewegungen (»Weltlinien«), welche den Zuständen absoluter Ruhe, geradlinig-gleichförmiger Bewegung und beschleunigter Bewegung entsprechen. Der Zustand absoluter Ruhe bedeutet Ruhe gegenüber dem absolutem Raum. Letzteren hat Newton insbesondere durch seinen Eimerversuch begründet: Ein mit Wasser gefüllter Eimer werde an einem Faden aufgehängt und in Drehung versetzt. Man beobachtet, dass die Wasseroberfläche zunächst wegen der Reibung in Ruhe bleibt, sich dann aber an den Eimerwänden nach oben wölbt (wegen der Zentrifugalkraft). Am Anfang, als die Relativbewegung zwischen Wasser und Wänden am größten ist, stellt man also keinen Effekt fest. Dieser tritt erst auf, wenn Eimer und Wasser zusammen rotieren, und diese Rotation konnte Newton nur als relativ zu einem absoluten Raum verstehen.

Die Vorstellung von absoluter Zeit und absolutem Raum blieb nicht unwidersprochen. So hat schon Newtons Zeitgenosse Gottfried Wilhelm Leibniz (1646–1716) behauptet, dass nur relative Begriffe sinnvoll seien. Besonders stark wurde diese Kritik im 19. Jahrhundert von Ernst Mach (1838–1916) vorgebracht. Das so genannte **Mach'sche** S.102 **Prinzip** war historisch eine der Hauptwurzeln für die Entwicklung der Allgemeinen Relativitätstheorie (siehe Kap. 2).

Während der Newton'sche Eimerversuch mit einem gewissen Recht die absolute Natur von Rotationen zu demonstrieren scheint, ist der Ort absoluter Ruhe (nach Newton der Mittelpunkt des Universums) nicht ausgezeichnet: Es lässt sich nicht feststellen, ob man sich gegenüber diesem Punkt geradlinig-gleichförmig bewegt. Eigentlich wusste Newton bereits, dass kein Inertialsystem vor dem anderen ausgezeichnet ist; das ist eine Fassung des so genannten Relativitätsprinzips. Ein adäquates Raumzeitkonzept für die Newton'sche Mechanik wäre also die in Abb. 6 dargestellte Raumzeit *ohne* die Weltlinie absoluter Ruhe (man spricht dann allgemein von einem »affinen Raum«.) Deutlich herausgestellt hat das erst Ludwig Lange im Jahre 1885. Diese Raumzeit liegt sowohl der gesamten klassischen Mechanik als auch der nichtrelativistischen Quantentheorie zugrunde. Erst Einsteins Spezielle und Allgemeine Relativitätstheorie führen zu einer Abänderung (siehe Kap. 2).

Interessant ist auch die Untersuchung der Möglichkeit, Kosmologie im Rahmen der Newton'schen Mechanik zu treiben. Dabei entsteht aber das folgende Problem: Um den gravitativen Kollaps auf ein »Zentrum« zu vermeiden, muss man ein unendliches Universum annehmen. Dort addieren sich die einzelnen Gravitationskräfte aber derart auf, dass sich unendliche Kräfte ergeben. Nur bei Annahme exakter Kugelsymmetrie heben sich die Kräfte auf. Das ist aber keine natürliche Annahme, und bei kleinster Störung der Kugelsymmetrie tritt das Problem der unendlichen Kräfte wieder auf. Die Situation ist ähnlich wie beim »Olbers'schen Paradoxon«, wo sich in einem unendlich großen Weltall das Licht der Sterne zu einem gleißend hellen Nachthimmel aufaddieren müsste. Lösungsversuche hierzu wurden immer wieder unternommen. So hat etwa Hugo Seeliger 1896 eine Modifikation des Newton'schen Gesetztes vorgeschlagen, bei dem ein antigravitativer Effekt die Newton'schen Kräfte auf großen Skalen abschwächt. Das entspricht der Einführung einer **Kosmologischen Konstanten**. S.104 Milne und McCrea haben 1934 gezeigt, dass man in der Newton'schen Theorie ein expandierendes »Inseluniversum« beschreiben kann, mit Gleichungen, welche den aus der Allgemeinen Relativitätstheorie folgenden Gleichungen (Kap. 5) ähneln. Allerdings müsste man einen Rand des Universums annehmen und könnte Geschwindigkeiten größer als die Lichtgeschwindigkeit nicht vermeiden. Wirklich konsistent aber kann man Kosmologie nur im Rahmen der Allgemeinen Relativitätstheorie betreiben.

Auch ohne Berücksichtigung der Kosmologie lässt sich Kritik an dem Aufbau der Newton'schen Theorie formulieren. Wie insbesondere Poincaré betont hat, legen relative Abstände zwischen Körpern, die man kurz hintereinander misst, die Dynamik noch nicht fest. Man benötigt die Anfangsgeschwindigkeiten (oder die Gesamtenergie), welche die Änderungen der Orte in Bezug auf die absolute Zeit angeben. Es gibt also absolute Raum-Zeit-Strukturen, die (in Einsteins Worten) »wirken, auf die aber nicht gewirkt werden kann«. Die Newton'sche Theorie ist auch nicht in der Lage, die Gleichheit von schwerer und träger Masse zu erklären. Schließlich besitzen die durch die Fernwirkungskräfte zum Ausdruck kommenden instantanen Wirkungen einen merkwürdigen Charakter. Newton war sich dieses Problems durchaus bewusst. So schrieb er an den Altphilologen Richard Bentley: »Die Behauptung, die Materie besitze eine eingeborene, inhärente und wesentliche Schwerkraft, so dass der eine

Körper eine Fernwirkung auf den anderen ausüben kann, und zwar durch ein Vakuum, ohne die Vermittlung von irgend etwas, durch welches ihre Wirkung und Kraft vom einen zum anderen fortgepflanzt werden könnten, ist für mich eine derartige Absurdität, dass sie meines Erachtens einem fähigen Philosophen niemals in den Sinn kommen kann.« Da Newton aber keine tiefere Begründung kannte, zog er es vor, keine Hypothesen zu erfinden (»Hypotheses non fingo«). Die tiefere Erklärung kam tatsächlich erst mit Einsteins Allgemeiner Relativitätstheorie.

2 EINSTEIN'SCHE GRAVITATION

2.1 Spezielle Relativitätstheorie

Newtons Gravitationstheorie hatte als fundamentale Theorie der Gravitation über zwei Jahrhunderte lang Bestand. Auch heute wird sie noch als Näherungstheorie mit Erfolg angewandt. Die Notwendigkeit einer Abänderung wurde erst über einen Umweg erkannt – den Elektromagnetismus. Wie kam es dazu?

Das von Galilei eingeführte Relativitätsprinzip postulierte die Gleichberechtigung aller Inertialsysteme, also aller Systeme, die sich gegeneinander mit konstanter Geschwindigkeit bewegen oder um einen konstanten Betrag zueinander verdreht oder verschoben sind. Die Gesetze der Elektrodynamik und insbesondere der Optik schienen jedoch zu zeigen, dass es ein ausgezeichnetes Bezugssystem gibt – ausgezeichnet dadurch, dass sich das Licht dort in alle Richtungen (d.h. isotrop) mit der Geschwindigkeit $c \approx 3 \cdot 10^8$ Meter pro Sekunde ausbreitet. Die Grundgleichungen der Elektrodynamik – die Maxwell'schen Gleichungen – zeichnen nämlich durch ihre Form diese Geschwindigkeit aus. Man hat dieses bevorzugte Bezugssystem als »Äther« bezeichnet. Da man sich im 19. Jahrhundert die Ausbreitung von Wellen wie diejenigen des Lichts nur innerhalb eines Mediums vorstellen konnte, wies man dem Äther trotz seiner offensichtlichen Unsichtbarkeit einen materiellen Charakter zu. Wie die bereits 1728 erfolgte Entdeckung der Aberration durch James Bradley – die Verschiebung der Sternpositionen aufgrund der Geschwindigkeitsänderung der Erde (nicht ihrer Ortsänderung) bei ihrem Umlauf um die Sonne – zeigte, wird ein möglicher Äther nicht von der Erde mitgezogen. Es sollte also möglich sein, die Bewegung der Erde durch den Äther dadurch festzustellen, dass sich die Lichtgeschwindigkeit auf der Erde abhängig von der Bewegungsrichtung ändert.

Die Vergeblichkeit aller Versuche, einen Äther nachzuweisen, hat Albert Einstein 1905 dazu bewogen, eine Theorie zu entwickeln, die Relativitätsprinzip und Elektrodynamik miteinander in Einklang bringt – die *Spezielle Relativitätstheorie*. Er schreibt dazu: »Die spezielle Relativitätstheorie verdankt ihre Entstehung den Maxwell'schen Gleichungen des elektromagnetischen Feldes. Umgekehrt werden die letzteren erst durch die spezielle Relativitätstheorie in befriedigender Weise formal begriffen.« Die Spezielle Relativitätstheorie beruht auf den beiden Postulaten:

- Relativitätsprinzip: Die physikalischen Gesetze haben in allen Inertialsystemen die gleiche Form.
- Konstanz der Lichtgeschwindigkeit: Die Lichtgeschwindigkeit ist in allen Inertialsystemen konstant gleich c.

Der mathematische Unterschied zum Galilei'schen Relativitätsprinzip besteht in den Gleichungen, die den Übergang von einem Inertialsystem zu einem anderen beschreiben. Während bei Galilei die Zeit in allen Inertialsystemen die gleiche ist, ändert sie sich bei Einstein in Abhängigkeit von der Geschwindigkeit. Einstein wurde auf seine Theorie tatsächlich durch eine Analyse des Gleichzeitigkeitsbegriffs geführt: Welche operative Bedeutung hat es, zwei Ereignisse gleichzeitig zu nennen? Einstein fand, dass es keinen beobachterunabhängigen Begriff von Gleichzeitigkeit gibt. Dieser hängt vom Bezugssys-

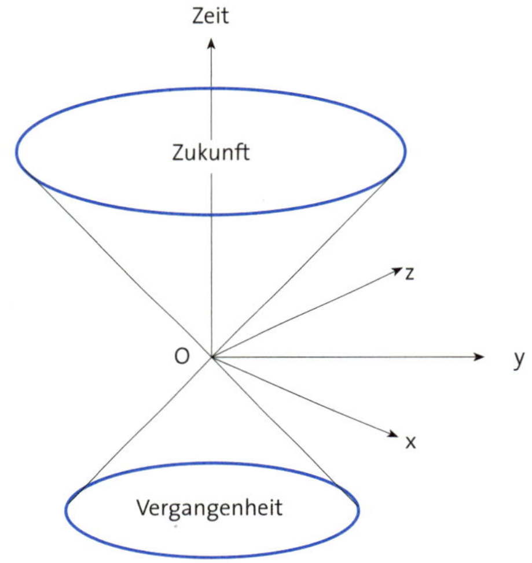

Abb. 7: Der Lichtkegel

tem (Inertialsystem) ab: Zwei Ereignisse, die in einem Inertialsystem gleichzeitig stattfinden, tun dies nicht mehr in anderen Inertialsystemen. Da Raum und Zeit hier eng miteinander verknüpft werden, nimmt der Begriff der vierdimensionalen Raumzeit die zentrale Rolle ein. Nach dem Mathematiker Hermann Minkowski (1864–1909) nennt man die Raumzeit der Speziellen Relativitätstheorie auch »Minkowski-Raum«. Statt der absoluten Auffächerung der Newton'schen Raumzeit in Räume gleicher Zeit (Abb. 6) gibt es hierfür eine andere absolute Struktur – den Lichtkegel (siehe Abb. 7). Da aus der Relativitätstheorie folgt, dass die Lichtgeschwindigkeit nicht überschritten werden kann (man würde dazu unendlich viel Energie benötigen), verläuft die Bewegung materieller Körper innerhalb des Kegels, von der Vergangenheit (unten) in die Zukunft (oben). Vergangenheit und Zukunft beziehen sich auf das Ereignis im Koordinaten-

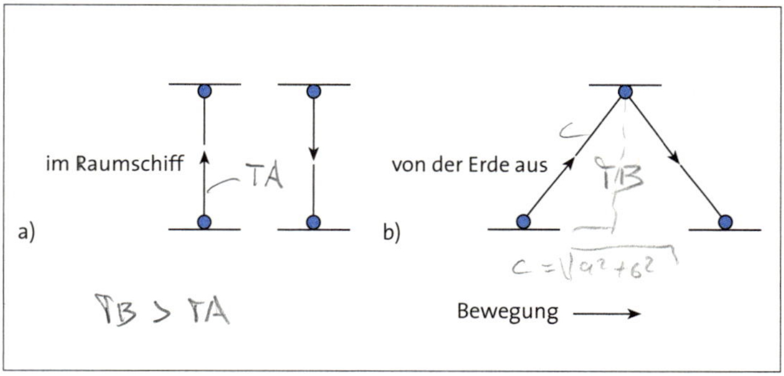

Abb. 8: Lichtuhr

ursprung O. Das Licht selbst läuft auf dem Kegelmantel. Den gesamten Bereich außerhalb des Lichtkegels bezeichnet man in Bezug auf O als Gegenwart: Für jedes Ereignis in diesem Bereich lässt sich ein Inertialsystem finden, bezüglich dessen es gleichzeitig zu dem Ereignis in O stattfindet.

Für Geschwindigkeiten, die viel kleiner als die Lichtgeschwindigkeit c sind, ergibt sich wieder das Relativitätsprinzip in seiner Galilei'schen Form. In Abb. 7 würde dieser Grenzfall bedeuten, dass der Lichtkegel *de facto* nach unten klappt und es nur Ereignisse innerhalb des Kegels gibt.

Eine wichtige Konsequenz der Speziellen Relativitätstheorie und der einhergehenden Verbindung von Raum und Zeit ist die Zeitdilatation: Bewegte Uhren gehen langsamer. Das lässt sich am Beispiel der »Lichtuhr« (siehe Abb. 8) auf einfache Weise demonstrieren.

Ein Lichtstrahl werde zwischen zwei Spiegeln hin- und herreflektiert, wobei die Periode für einen Hin- und Rücklauf im Ruhesystem – System A – (Abb. 8a) gleich T_A betrage. Da es sich um ein periodisches System handelt, kann man es als »Uhr« bezeichnen; das Hin- und Herlaufen des Signals entspricht dem Ticken der Uhr. Von einem im Vergleich zur Uhr mit konstanter Geschwindigkeit v bewegten

Inertialsystem B aus betrachtet (die Bewegung erfolge senkrecht zu den Lichtstrahlen, also parallel zu den Spiegeln), muss das Licht einen längeren Weg zurücklegen (Abb. 8b). Da die Lichtgeschwindigkeit aber immer konstant ist, benötigt es von B aus betrachtet mehr Zeit – die bewegte Uhr geht langsamer, und die entsprechende Zeit T_B ist größer als T_A. Dieser Effekt ist ein symmetrischer: Von A aus betrachtet geht eine entsprechende Lichtuhr in B ebenfalls langsamer. Aus Abb. 8 lässt sich mittels einer einfachen Rechnung (im Wesentlichen unter Anwendung des pythagoräischen Lehrsatzes) der Zusammenhang zwischen T_A und T_B berechnen:

$$T_B = \frac{T_A}{\sqrt{1-\frac{v^2}{c^2}}} > T_A \,. \qquad (11)$$

Man erkennt sofort, dass sich für Geschwindigkeiten v, die viel kleiner als c sind, das »klassische« Ergebnis $T_A = T_B$ ergibt.

Die Zeitdilatation muss für jede Uhr vorliegen, nicht nur für die einfache Lichtuhr. Das ist eine Konsequenz des Relativitätsprinzips, da eine Uhr ohne (oder anderer) Zeitdilatation im Vergleich zur Lichtuhr aus dem Takt geraten müsste und man deshalb innerhalb des Inertialsystems feststellen könnte, ob sich dieses Inertialsystem mit einer Geschwindigkeit v absolut bewegt oder nicht. Die Zeitdilatation ist eine Eigenschaft der Relativbewegung in der Raumzeit, nicht von speziellen Uhren.

Die Zeitdilatation wurde durch eine Vielzahl von Experimenten bestätigt. So hat man beispielsweise ausgenutzt, dass Myonen – eine schwere Variante der Elektronen – mit einer bestimmten mittleren Lebensdauer zerfallen (in Elektronen und Neutrinos). In ihrem Ruhesystem beträgt diese Lebensdauer etwas mehr als zwei Mikrosekunden. Bringt man nun Myonen in Beschleunigern auf Geschwindigkeiten, die nahe an c liegen, so wird die Lebensdauer in Einklang mit [11] länger – in den Experimenten bis zu hundertmal so lang. Aus diesem Grund erreichen uns auch aus der Atmosphäre (wo die Myo-

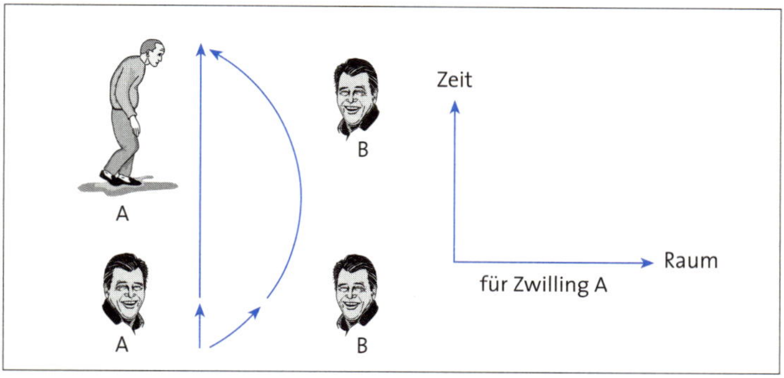

Abb. 9: Zum Zwillingsproblem

nen durch Beschuss mit kosmischer Strahlung erzeugt werden) viel mehr Myonen als aufgrund ihrer Lebensdauer im Ruhesystem zu erwarten wären. Man mag sich für diesen Fall wundern, ob hier nicht ein Widerspruch besteht. Von den atmosphärischen Myonen aus betrachtet gilt ja die kürzere Zerfallszeit, und es sollten also weniger Teilchen die Erde erreichen. Die Auflösung benutzt einen Effekt, der in Analogie zu Zeitintervallen das Verhalten von Maßstäben betrifft. Es zeigt sich nämlich, dass bewegte Maßstäbe verkürzt werden (so genannte Lorentz-Kontraktion), wobei der gleiche Faktor wie in [11] erscheint. Deshalb sehen die atmosphärischen Myonen einen kürzeren Abstand zur Erdoberfläche, und es zerfallen entsprechend weniger Teilchen, da die Erde schneller erreicht wird.

Scheinbar widersprüchliche Eigenschaften der Theorie wurden historisch im Rahmen des so genannten Zwillingsproblems diskutiert (Abb. 9). Während einer der Zwillinge auf der Erde bleibt, steigt der andere in ein Raumschiff, fliegt mit großer Geschwindigkeit ins Weltall, um schließlich umzukehren und auf die Erde zurückzufliegen. Dort findet er einen Zwilling vor, der wegen der Zeitdilatation gealtert ist. Das Argument, das einen Widerspruch herbeizuführen scheint, besagt, dass sich ja auch für den reisenden Zwilling die Erde wegbewegt und schließlich wieder nähert, weshalb der Zwilling im Raumschiff gealtert sein müsse. Der Schlüssel zur Auflösung des scheinbaren Widerspruchs ist die Beobachtung, dass die Zwillinge nicht symmetrisch behandelt werden: Nur der auf der Erde verbleibende ruht in einem (näherungsweisen) Inertialsystem; der Zwilling im Raumschiff ist beschleunigt, da er abbremsen und umkehren muss. In Abb. 9 kommt dies dadurch zum Ausdruck, dass die Raumzeitlinie (»Weltlinie«) des reisenden Zwillings gekrümmt ist. Die Länge der Weltlinie ist ein Maß für die Zeit, die auf einer mitgeführten Uhr vergeht – man nennt diese Zeit die auf der Weltlinie vergangene Eigenzeit; je länger die Weltlinie im Diagramm erscheint, desto kürzer ist die Eigenzeit. Die Bewegung auf Geraden (freiem Fall) entspricht maximaler Eigenzeit. Das liegt daran, dass es sich um eine Gerade in der Raumzeit handelt; im Raum haben Geraden selbstverständlich die kürzesten Längen.

Natürlich gilt die Spezielle Relativitätstheorie auch in beschleunigten Bezugssystemen. Nur gilt hierfür das Relativitätsprinzip nicht, und die Umrechnung auf solche Systeme ist komplizierter. Sie lässt sich aber durchführen und führt für die Eigenzeiten im Zwillingsproblem auf das gleiche Ergebnis wie die Rechnung im Inertialsystem.

Die Spezielle Relativitätstheorie bildet auch die Grundlage für die Quantenfeldtheorie. Elementarteilchen werden dort beispielsweise durch ihr Verhalten bei Wechsel des Inertialsystems definiert. Allerdings kann die Gravitation nicht in dieses Schema eingefügt werden. Das erkennt man bereits daran, dass das Newton'sche Gravitationsgesetz [1] ein Fernwirkungsgesetz ist und deshalb im Widerspruch zu der von der Relativitätstheorie geforderten endlichen Ausbreitungsgeschwindigkeit steht. Der Versuch, dieses Gesetz zu verallgemeinern, hat gezeigt, dass der Rahmen der *Speziellen* Relativitätstheorie dafür zu eng ist. Der Grund liegt darin, dass die Raumzeit bei Anwesenheit von Gravitation gekrümmt ist.

2.2 Gravitation als gekrümmte Raumzeit

Der Ausgangspunkt für die moderne Theorie der Gravitation ist das Äquivalenzprinzip. Mit Einsteins Worten: »Die Allgemeine Relativitätstheorie verdankt ihre Entstehung der Erfahrungstatsache von der numerischen Gleichheit der trägen und der schweren Masse der Körper.« Man betrachte hierzu in Gedanken Labors, die im Gravitationsfeld der Erde frei fallen (die Labors sollen so klein sein, dass die Inhomogenität des Feldes vernachlässigbar ist). Wegen des Äquivalenzprinzips – alle Körper fallen ja gleich schnell – ist in jedem der Labors von der Gravitation nichts zu spüren. Falls keine nichtgravitativen Kräfte wirksam sind, bewegen sich alle Körper in den Labors gleichförmig und geradlinig. Die Situation ist also äquivalent derjenigen im schwerelosen Raum (eine von Fernsehübertragungen aus Raumstationen her vertraute Situation). Diese Eigenschaften kennzeichnen aber gerade die Inertialsysteme. Da sich alle frei fallenden Labors aber zum Erdmittelpunkt hin bewegen, bewegen sie sich aufeinander zu – sie sind relativ zueinander beschleunigt. Ein Inertialsystem lässt sich also bei Anwesenheit von Gravitation nur *lokal* realisieren, und zwar durch ein Bezugssystem, das im Gravitationsfeld frei fällt. »Lokal« bezieht sich auf Bereiche, in denen man die Inhomogenität des Gravitationsfeldes vernachlässigen kann.

Ein auf der Erdoberfläche ruhendes Labor ist hingegen (relativ zu den frei fallenden Labors) beschleunigt; dem entspricht das Auftreten der Gravitationskräfte: Ein schräg nach oben geworfenes Kreidestück etwa folgt einer Wurfparabel und fällt auf den Boden. In einem frei fallenden System würde es geradlinig weiterfliegen. Das auf der Erde ruhende Labor ist (bei geschlossenen Fenstern) ununterscheidbar von einem Labor, das im schwerelosen Raum mit der Erdbeschleunigung g beschleunigt wird. Die beiden Äquivalenzen (»frei fallend« mit »schwerelos« sowie »auf der Erde ruhend« mit »beschleunigt«) sind in Abb. 10 dargestellt.

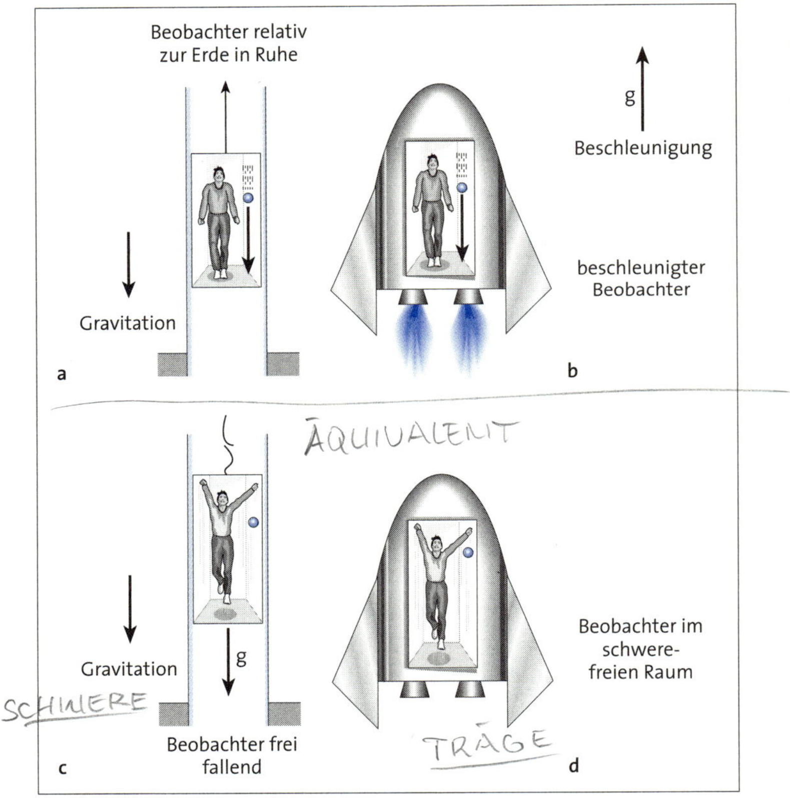

Abb. 10: Zum Äquivalenzprinzip

Bei Anwesenheit von Gravitation lässt sich der Minkowski-Raum nicht mehr realisieren, da die lokalen Inertialsysteme global nicht mehr zusammenpassen. Man sagt, die Raumzeit sei gekrümmt, so wie man etwa schließen kann, dass die Kugeloberfläche gekrümmt ist, da man diese zwar lokal durch Ebenen annähern kann, die Ebenen aber global nicht mehr zu einer Ebene zusammenpassen. So kann man die Erdoberfläche nicht mehr maßstabsgetreu auf eine Karte abbilden.

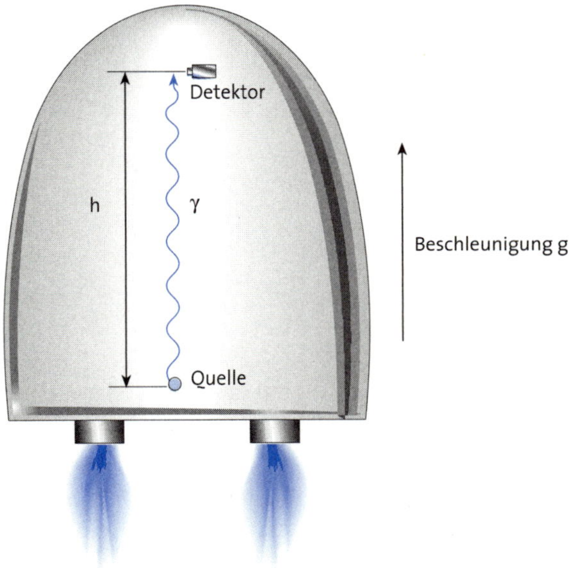

Abb. 11: Zur gravitativen Rotverschiebung

Aus dem Äquivalenzprinzip lässt sich direkt ein erster Effekt folgern: Ein Lichtstrahl, der im Gravitationsfeld nach oben läuft, wird rotverschoben, d.h. seine Wellenlänge wird größer (»gravitative Rotverschiebung«). Man betrachte dazu eine Rakete, die mit der Beschleunigung g beschleunigt wird (Abb. 11). Darin werde zu einem Zeitpunkt $t=0$ ein Lichtstrahl von einer Quelle nach oben (in Richtung der Beschleunigung) zu einem Detektor geschickt, der sich im Abstand h von der Quelle befinde. Da sich der Detektor von der Lichtquelle entfernt, verlängert sich ständig der Abstand, den die Lichtwellen zum Detektor durchlaufen müssen. Die Zeitspanne zwischen dem Eintreffen aufeinander folgender Wellenberge und -täler ist deshalb

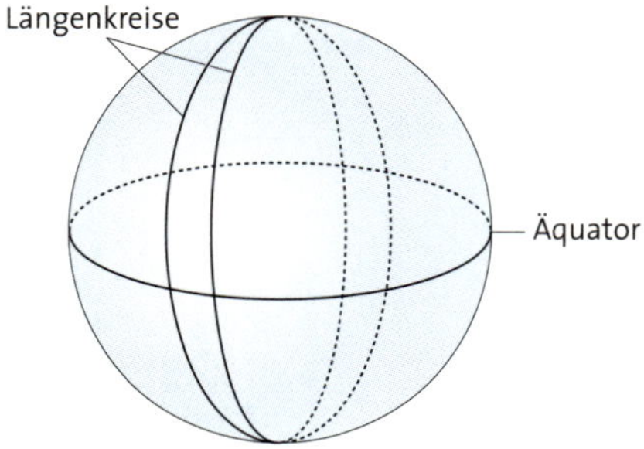

Abb. 12: Großkreise auf der Kugeloberfläche

länger als bei der unbeschleunigten Rakete. Das ist gerade der Doppler-Effekt, der hier zu einer Rotverschiebung führt. Die relative Wellenlängenänderung (genannt z) ist für Geschwindigkeiten, die klein gegenüber der Lichtgeschwindigkeit sind (das soll hier angenommen werden) durch die Formel

$$z = \frac{\Delta\lambda}{\lambda} \approx \frac{v}{c} \qquad (12)$$

gegeben. Die Geschwindigkeit v bezieht sich auf ein Inertialsystem, in dem die Rakete zur Zeit $t=0$ ruht. Der Lichtstrahl kommt nach einer Zeit $t \approx h/c$ oben an. Da die Geschwindigkeit der Rakete dann durch $v=gt \approx gh/c$ gegeben ist, beträgt die Rotverschiebung

$$z \approx \frac{gh}{c^2}\,. \qquad (13)$$

Wegen des Äquivalenzprinzips ist die beschleunigte Rakete aber äquivalent zu einer auf der Erdoberfläche ruhenden Rakete. Deshalb sollte auch ein Lichtstrahl, der sich im Gravitationsfeld nach oben bewegt, rotverschoben werden. Dies hat man experimentell tatsächlich beobachtet (siehe Kap. 3.1).

Da die periodische Abfolge von Wellenbergen und -tälern nichts anderes als die spezielle Form einer Uhr darstellt, erkennt man aus

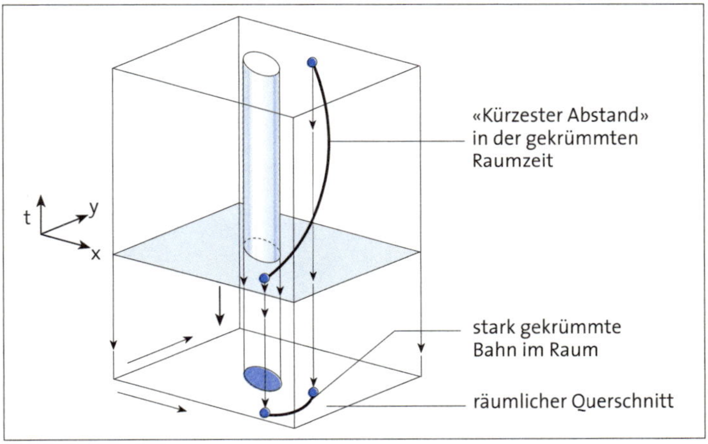

Abb. 13: Planetenbewegung als Geodätische in der Raumzeit

der Existenz der gravitativen Rotverschiebung, dass eine Uhr im Gravitationsfeld, die um einen Abstand h tiefer liegt als eine zweite Uhr, im Vergleich zu dieser langsamer gehen muss, und zwar gerade um einen Faktor $1+gh/c^2$. Dieser Effekt existiert zusätzlich zu der in Kap. 2.1 diskutierten Zeitdilatation und wurde ebenfalls experimentell beobachtet (Kap. 3.1). In der Anwendung des **Positionierungssystems GPS** hat die gravitative Zeitdilatation Einzug in den Alltag gehalten. S. 89

Da frei fallende Labors lokalen Inertialsystemen entsprechen, bewegen sich freie Teilchen darin geradlinig und gleichförmig. Wie lässt sich diese Bewegung auf größere Bereiche verallgemeinern? Geraden in einem flachen Raum besitzen die Eigenschaft, den Abstand zwischen zwei Punkten zu minimieren. Für einen gekrümmten Raum führt dies auf den Begriff der Geodätischen – ein Beispiel sind die Großkreise auf der Kugeloberfläche (siehe Abb. 12). Geodätische verallgemeinern den Begriff der Geraden auf gekrümmte Räume.

In einer gekrümmten Raumzeit ist es ähnlich, mit dem Unterschied, dass die Geodätischen den »Abstand« zwischen Ereignissen

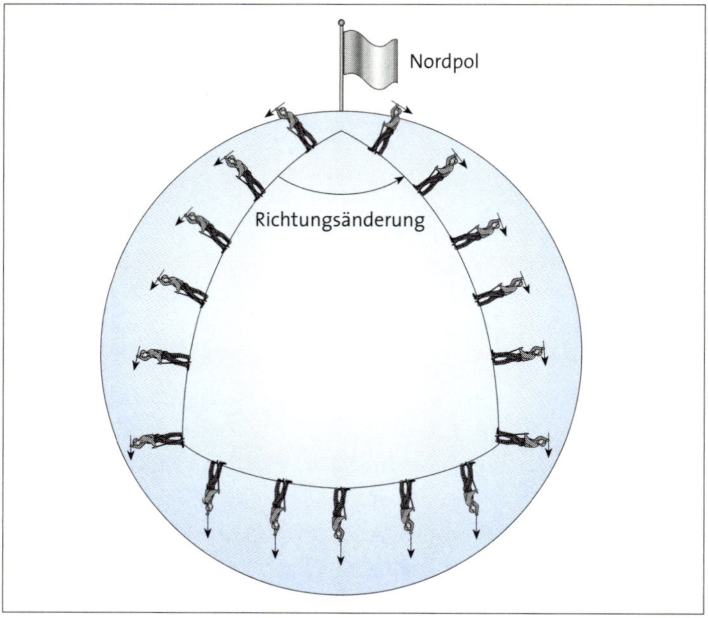

Abb. 14: Wegabhängigkeit der Parallelverschiebung (hier auf der Kugeloberfläche)

(die Eigenzeit) maximieren statt minimieren. Dieser Tatsache sind wir bereits beim Zwillingsproblem begegnet – für den inertialen Beobachter (Bewegung auf einer Geraden) vergeht die längste Eigenzeit. In Abb. 13 ist die Bahn eines Planeten zu sehen, der sich auf einer Geodätischen um die Sonne bewegt: Die Geodätische beschreibt die Bewegung in der Raumzeit (oben) und ist so gerade, wie das in der gekrümmten Raumzeit möglich ist; die Projektion auf den Raum (unten) kann jedoch hochgradig gekrümmt sein.

Da der Beschreibung der Gravitation gekrümmte Raumzeiten zugrunde liegen, benötigt man für die quantitative Diskussion einen leistungsstarken mathematischen Formalismus. Den Grundstein hierfür legten die Mathematiker Carl Friedrich Gauß für den Fall von zwei Dimensionen und Georg Friedrich Bernhard Riemann (1826–1866) für höhere Dimensionen. Da man für die Raumzeit vier Dimensionen benötigt, bietet die »Riemann'sche Geometrie« den dafür benötigten mathematischen Rahmen (Riemann selbst behandelte nur höherdimensionale Räume; die Verallgemeinerung auf Raumzeiten wurde erst durch die Spezielle Relativitätstheorie nahegelegt). Von zentraler Bedeutung ist, dass alle Begriffe innerhalb der Raumzeit operieren, ohne auf die Einbettung in einen höherdimensionalen Hilfsraum zurückgreifen zu müssen. Der grundlegende Begriff ist der metrische Tensor, kurz Metrik. Sie gibt an, wie auf einer gekrümmten Raumzeit Abstände (Eigenzeitintervalle) und Winkel zu berechnen sind, in Verallgemeinerung des aus dem flachen Raum (der euklidischen Geometrie) bekannten Satz des Pythagoras. Aus der Metrik kann der so genannte Riemann'sche Krümmungstensor berechnet werden, der direkt die Krümmung von Raum und Zeit und damit die Stärke des Gravitationsfeldes beschreibt (wegen nahe liegender Verallgemeinerungen siehe **Gravitation und Eichtheorie**). Ein wichtiger Effekt eines gekrümmten Raumes ist in Abb.14 dargestellt: die Abhängigkeit der Parallelverschiebung vom Weg. S.99

Die Parallelverschiebung des in Abb.14 zu sehenden »Zeigers« ist dadurch definiert, dass der Zeiger seine momentane Richtung immer beibehält, d.h. keiner Drehung unterliegt. Die Bewegung beginne z.B. am Nordpol, verlaufe zum Äquator, ein Stück entlang des Äquators und dann wieder zum Pol. Dort ist dann im Vergleich zur Ausgangsrichtung eine Richtungsänderung zu beobachten. Diese Änderung ist ein direktes Maß für die Krümmung der Kugeloberfläche. Auf einer Ebene würde der Zeiger hingegen wieder zur Ausgangsposition zurückkehren. Die Wegabhängigkeit gilt in einer allgemeinen gekrümmten Raumzeit.

Wenn Krümmung vorliegt, gelten nicht mehr die aus der flachen Geometrie bekannten Zusammenhänge zwischen Radius, Umfang, Fläche und Volumen: Trägt man von einem Punkt auf der Kugeloberfläche aus im Abstand r einen Kreis auf, so ist dessen Umfang kleiner als in der euklidischen Geometrie (also kleiner als $2\pi r$); Analoges gilt für den Flächeninhalt der Kreisscheibe.

Wegen des Äquivalenzprinzips können Gravitationskräfte lokal immer dadurch zum Verschwinden gebracht werden, dass man in ein frei fallendes Bezugssystem geht. Wie lässt sich dann die Stärke des Gravitationsfeldes für frei fallende Objekte messen? Die Antwort lautet: durch Vergleich *zweier* frei fallender Objekte. Abhängig von der Krümmung der Raumzeit nähern sich diese einander an oder fliegen voneinander weg. Auch hier hilft die Analogie mit der Kugeloberfläche (Abb. 12). Zwei Beobachter, die am Äquator entlang von Längenkreisen (also Geodätischen) zum Pol reisen, werden sich einander nähern. Was die beiden als geheimnisvolle Anziehungskraft interpretieren mögen, ist nichts anderes als ein Effekt der zugrunde liegenden Geometrie. Genauso verhält es sich mit den frei fallenden Objekten. Da mindestens zwei Körper beteiligt sind, spricht man in Analogie zu der Newton'schen Situation (siehe Kap. 1.2) auch von »Gezeitenkräften«. Entscheidend für die Stärke des Gravitationsfeldes ist also immer die Relativbewegung. Das ist für andere Felder nicht so: In der Elektrodynamik ist die Stärke des Feldes an der Bewegung eines einzelnen Teilchens abzulesen, beispielsweise an der Kreisbahn eines Elektrons in einem Magnetfeld.

2.3 Die Grundgleichungen der Allgemeinen Relativitätstheorie

Aus dem Äquivalenzprinzip konnten wir folgern, dass die Beschreibung von Teilchenbewegungen im Gravitationsfeld durch Geodätische in einer gekrümmten Raumzeit erfolgt. Wie findet man aber die gekrümmte Raumzeit selbst? Welche Gleichungen werden zu ihrer Beschreibung benötigt? Den langen Weg zu ihrer Aufstellung ging Einstein von 1907–1915. Er gipfelte in der Veröffentlichung seiner berühmten Feldgleichungen in den Sitzungsberichten der königlich-preußischen Akademie der Wissenschaften zu Berlin vom 25. November 1915.

Diese Gleichungen umfassen Newtons Gravitationstheorie, die sich in einem geeigneten Grenzfall als Näherung ergibt. Sie sind begrifflich einfacher, aber rechentechnisch schwieriger. Die Einstein'schen Feldgleichungen verknüpfen Geometrie (Gravitationsfeld) und Materie: Auf der linken Seite stehen Kombinationen des Riemann'schen Krümmungstensors, auf der rechten Seite Energie- und Impulsdichte der Materie. Im Unterschied zu Newton hängt das Gravitationsfeld nicht nur von der Masse ab, sondern (wegen $E=mc^2$) von jeder Energieform (auch Licht etwa unterliegt also der Schwere) sowie dem Bewegungszustand der Materie. Es besteht ein kompliziertes Wechselspiel: »Materie krümmt Raumzeit, Raumzeit lenkt Materie« (John Wheeler). Jedes Gravitationsfeld erzeugt selbst wieder ein Gravitationsfeld. Das kommt in der nichtlinearen Struktur der Gleichungen zum Ausdruck. Die durch die Einstein-Gleichungen beschriebene Theorie heißt Allgemeine Relativitätstheorie. Im Unterschied zu Newtons Gravitationstheorie handelt es sich um eine Nahwirkungstheorie – die gegenseitige Wechselwirkung erfolgt lokal.

Da Einstein wenig Hinweise aus der Erfahrung besaß, die ihn zu seiner Theorie leiten konnten, war die Hauptarbeit theoretischer Natur. Mit seinen eigenen Worten: »Gleichungen von solcher Kompliziertheit wie die Gleichungen des Gravitationsfeldes können nur dadurch gefunden werden, dass eine logisch einfache mathematische Bedingung gefunden wird, welche die Gleichungen völlig oder nahezu determiniert.« In der Tat legen einige Bedingungen diese Gleichungen fast eindeutig fest. Dazu gehören der korrekte Newton'sche Grenzfall sowie die Erhaltung von Energie und Impuls, welche den Materieteil der Einstein-Gleichungen mit dem Geometrieteil verknüpft. Einstein selbst nennt außer dem Äquivalenzprinzip zwei weitere Prinzipien, die ihn bei der Auffindung der korrekten Gleichungen geleitet haben: das Prinzip der allgemeinen Kovarianz und S. 102 das **Mach'sche Prinzip**. Das Prinzip der allgemeinen Kovarianz postuliert die Gleichwertigkeit aller Bezugssysteme, nicht nur der Inertialsysteme. Es hat der Theorie ihren Namen gegeben. Mathematisch bedeutet diese Forderung, dass die Gleichungen in allen Koordinatensystemen die gleiche Form annehmen. Diese Forderung lässt sich freilich auf künstliche Weise auch für andere Theorien erfüllen. Sie ist somit nur eine Minimalforderung. Das Charakteristische an der Allgemeinen Relativitätstheorie liegt vielmehr darin, dass es (außer für Spezialfälle) keine ausgezeichneten Bezugssysteme mehr gibt, im Gegensatz zur Speziellen Relativitätstheorie mit ihren Inertialsystemen. In der Theorie sind Raum und Zeit nicht absolut vorgegeben, sondern dynamisch. Aus diesem Grunde wäre der Begriff Geometrodynamik (in Analogie zur Elektrodynamik) eine angemessenere Bezeichnung als der historische Name Allgemeine Relativitätstheorie.

Die Einstein-Gleichungen sind von lokaler Natur, d.h. sie legen die Geometrie punktweise fest. Über das Verhalten im Großen (die »Topologie«) machen sie keine Aussagen. So haben in der zweidimensionalen Analogie etwa Ebene, Zylinder und Möbius-Band lokal die gleiche Geometrie, nämlich die des flachen Raumes (Winkelsumme im Dreieck beträgt 180 Grad etc.); im Großen unterscheiden sie sich aber. So kann auch die Raumzeit im Großen unterschiedliche Merkmale aufweisen, die lokal alle zur gleichen Geometrie führen. Nur die Erfahrung oder eine fundamentalere Theorie können dies festlegen.

2.4 Die Raumzeit einer kugelförmigen Masse

Kurz nach Aufstellung der Allgemeinen Relativitätstheorie gelang es 1916 dem Astronomen Karl Schwarzschild (1873–1916), eine der wichtigsten exakten Lösungen der Einstein-Gleichungen zu finden. Die nach ihm benannte Schwarzschild-Lösung beschreibt die Raumzeit im Vakuum außerhalb einer kugelsymmetrischen Massenverteilung.

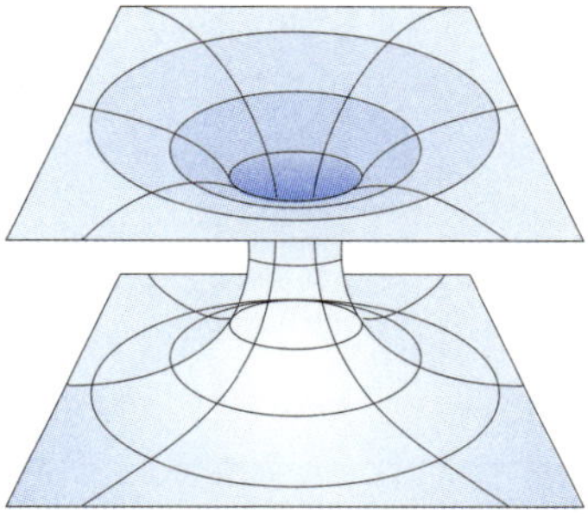

Abb. 15: Einstein-Rosen-Brücke

Die Raumzeit im Außenbereich ist statisch und durch einen einzigen Parameter, die Masse M der Massenverteilung, festgelegt. Dabei spielt es keine Rolle, ob sich die Massenverteilung bewegt oder nicht, solange sie nur kugelsymmetrisch bleibt; beispielsweise kann sie radial oszillieren. Veranschaulichen lässt sich die Schwarzschild-Lösung durch einen mathematischen Trick. Da sich die Raumzeit im Außenbereich zeitlich nicht ändert, kann man sie zu einem festen Zeitpunkt betrachten. Wegen der Kugelsymmetrie genügt weiterhin ein Querschnitt durch den dreidimensionalen Raum. Es verbleibt eine zweidimensionale Fläche, die man in einen dreidimensionalen Hilfsraum, der nur der Anschauung dient, einbetten kann. Das Resultat ist in Abb. 15 zu sehen.

Man nennt die Fläche auch »**Wurmloch**« oder »Einstein-Rosen-Brücke«. Sie besteht aus zwei Flächen, die weitab von der Masse flach werden (man spricht auch von asymptotischer Flachheit) und die durch einen Schlund verbunden werden. Der Schlund selbst liegt bei einem Abstand S. 108

$$R_S = \frac{2GM}{c^2}\,, \qquad (14)$$

den man Schwarzschild-Radius nennt. Für die Sonne beträgt dieser

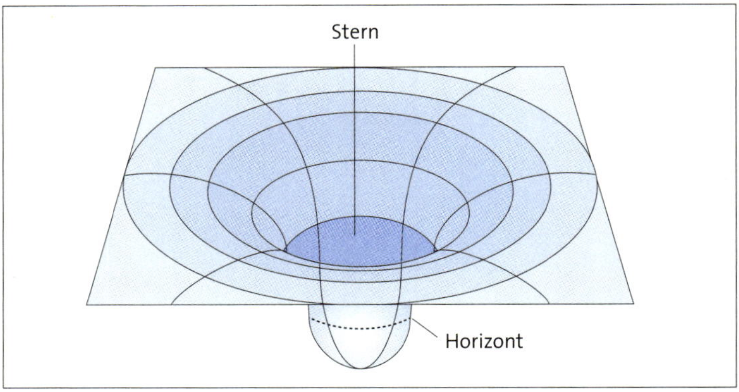

Abb. 16: Geometrie in der Umgebung eines kugelsymmetrischen Körpers

Radius etwa 3 Kilometer, für die Erde knapp einen Zentimeter. Er liegt für diese Objekte also weit innerhalb ihrer Oberfläche, wo die Schwarzschild-Lösung (die ja eine Außenraum-Lösung ist) nicht mehr gilt. Um diese Himmelskörper realistisch zu beschreiben, muss man deshalb eine Fläche betrachten, die dadurch entsteht, dass der Schwarzschild-Lösung eine Innenraumlösung angeklebt wird, wobei die Klebestelle an der Oberfläche der Himmelskörper liegt. Das ist in Abb. 16 dargestellt. Die Innenraumlösung wurde Ende der dreißiger Jahre gefunden. Die Geometrie der Fläche ähnelt insgesamt der eines Trampolins, das durch die Masse des Springers eingedellt wird.

Schon Schwarzschild konnte zeigen, dass ein Himmelskörper nicht mehr stabil existieren kann, wenn sein Radius kleiner oder gleich 9/8 des Schwarzschild-Radius ist. Allerdings gibt es kollabierende Objekte, die während des Kollapses den Wert R_S unterschreiten können. Ein solcher Kollaps führt zu einem Schwarzen Loch (siehe Kap. 4.2).

Die Schwarzschild-Lösung ist von grundlegender Bedeutung für die experimentellen Tests der Allgemeinen Relativitätstheorie im Sonnensystem (siehe Kap. 3.1). Planeten und Lichtstrahlen bewegen

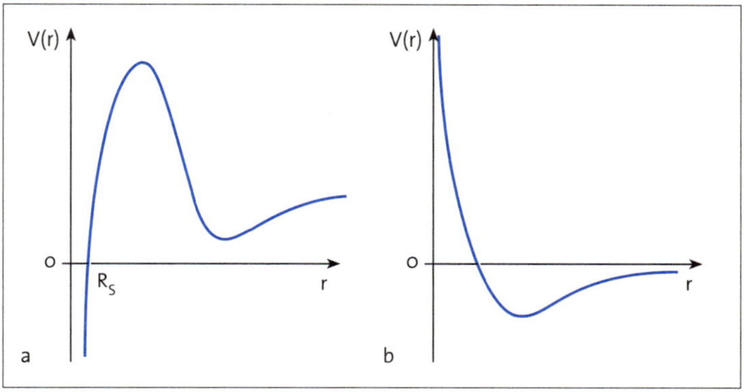

Abb. 17: Effektives Potential bei Newton (a) und Einstein (b).

sich auf Geodätischen in dieser Geometrie. Wie in der Newton'schen Mechanik kann die Bewegung qualitativ durch ein so genanntes »effektives Potential« veranschaulicht werden. Darunter versteht man die effektive potentielle Energie eines Probekörpers geteilt durch die Masse des Probekörpers. Ein Probekörper ist dadurch gekennzeichnet, dass seine Masse viel kleiner als die Zentralmasse M ist. Das ist etwa für die Planetenbewegung gut erfüllt, da die Planetenmassen im Vergleich zur Sonnenmasse vernachlässigbar sind. Das effektive Potential ist in Abb. 17 (für nicht zu kleinen Drehimpuls) für die Newton'sche und die Einstein'sche Theorie dargestellt. (Im Einstein'schen Fall ist der Nullpunkt für das Potential so gewählt, dass es bei $r=R_S$ verschwindet.) Maximum und Minimum sind nur bei nicht verschwindendem Drehimpuls vorhanden. Bei einer rein radialen Bewegung verschwindet der Drehimpuls.

Man erkennt, dass die Abweichungen bei der Form des Potentials zwischen Newton'scher und Einstein'scher Theorie am ausgeprägtesten bei kleinen Abständen r sind. Während sich ein Objekt mit Drehimpuls bei Newton dem Zentralobjekt nicht über einen bestimmten Minimalabstand nähern kann, ist dies im Einstein'schen Fall bei hinreichend großer Energie möglich, da das Objekt dann über den Berg des Potentials gelangen kann.

2.5 Gravitationswellen

Eine wichtige Vorhersage der Maxwell'schen Gleichungen ist die Existenz von elektromagnetischen Wellen, die sich im Vakuum mit der Geschwindigkeit $c \approx 3 \cdot 10^8$ Meter pro Sekunde ausbreiten. Ihr Nachweis gelang Heinrich Hertz 1887 in seinen Epoche machenden Experimenten. Die Existenz von solchen Wellenlösungen ist typisch für eine Nahwirkungstheorie. Aus diesem Grunde sollte es auch in der Allgemeinen Relativitätstheorie – im Unterschied zu Newton – Wellenlösungen geben, die so genannten Gravitationswellen. Dass dem tatsächlich so ist, konnte Einstein bereits 1916 zeigen.

Gravitationswellen sind Störungen in der Raumzeitkrümmung, die sich mit der Lichtgeschwindigkeit c ausbreiten. Wie die elektromagnetischen Wellen sind auch sie transversal polarisiert, d.h. die Schwingungen erfolgen immer senkrecht zur Ausbreitungsrichtung. Allerdings sind bei Gravitationswellen anders als beim Elektromagnetismus immer beide Raumrichtungen senkrecht zur Ausbreitungsrichtung involviert. Der Einfluss einer senkrecht zur Papierebene einfallenden Gravitationswelle auf einen Ring von Testteilchen ist in Abb. 18 dargestellt.

Da alle Massen gleichermaßen von der Welle erfasst werden, ist nur der inhomogene Teil ihres Gravitationsfeldes messbar. Es handelt sich also wieder um einen »Gezeiteneffekt«. Während aber etwa die in Kap. 1.2 beschriebenen Mondgezeiten longitudinal (in Richtung zum Mond) sind und ruhen (die Erde dreht sich darunter weg), ist der Effekt der Gravitationswellen transversal und dynamisch. Die zeitliche Abfolge für die beiden grundlegenden Polarisationsrichtungen (die +- und die um 45 Grad dagegen gedrehte ×-Polarisation) ist in Abb. 18 dargestellt. Es handelt sich um einen periodischen Vor-

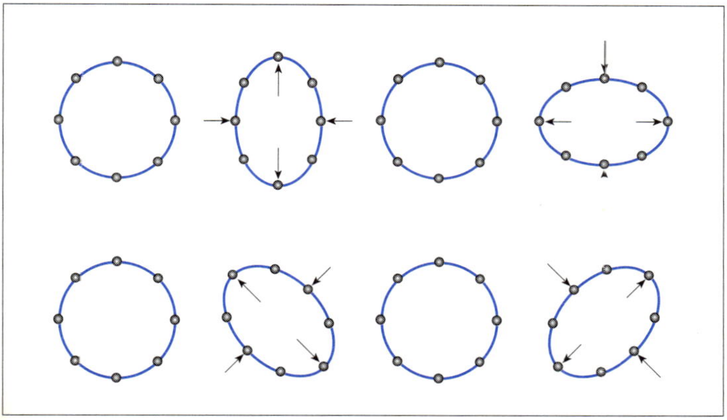

Abb. 18: Wirkung einer senkrecht zur Papierebene einfallenden Gravitationswelle. Gezeigt sind die beiden grundlegenden Polarisationsrichtungen (oben +- und unten ×-Polarisation).

gang, während dessen der Ring der Testteilchen zu einer pulsierenden Ellipse gleicher Fläche deformiert wird. Einen allgemeinen Wellenzustand erhält man durch Überlagerung von Wellen mit +- und ×- Polarisation.

Da kaum Absorption von Gravitationswellen stattfindet, wird deren Ausbreitung nicht aufgehalten. Sie böten deshalb ein einzigartiges »Fernrohr« in bislang unzugängliche Bereiche des Universums. Gravitationswellen entstehen durch die Bewegung von Massen. Diese Bewegung darf allerdings nicht zu symmetrisch ablaufen, da beispielsweise beim sphärisch-symmetrischen Kollaps eines Körpers keine Wellen entstehen können (die zugehörige Lösung ist ja eindeutig durch die Schwarzschild-Lösung gegeben, siehe Kap. 2.4). Betrachtet man etwa zwei auf Kreisbahnen umeinander laufende Körper mit den Massen M und m, wobei $m \ll M$ gelten soll, so findet man für die abgestrahlte Leistung P an Gravitationswellen die folgende Formel:

$$P \approx \frac{c^5}{5G} \left(\frac{2GM}{rc^2}\right)^3 \left(\frac{2Gm}{rc^2}\right)^2 . \qquad (15)$$

In der Formel erscheint das Verhältnis der jeweiligen Schwarzschild-Radien (vgl. [14]) zum Abstand r der Massen. Dieses Ergebnis folgt aus der bereits 1918 von Einstein bewiesenen »Quadrupolformel«, bei deren Herleitung man annimmt, dass die Bewegung der Massen selbst mit nicht zu großer Geschwindigkeit erfolgt. Der Vorfaktor c^5/G hat die Dimension einer Leistung und entspricht dem ungeheuren Wert von 10^{52} Watt. (Zum Vergleich: Die Leuchtkraft der Sonne beträgt 10^{26} Watt.) Diese enorme Leistung wird aber nur abgestrahlt, wenn die Entfernung der Körper von der Größenordnung ihrer Schwarzschild-Radien ist – man benötigt also äußerst kompakte Objekte wie ineinander spiralende Neutronensterne oder Schwarze Löcher (siehe Kap. 4). Eine andere Quelle starker Abstrahlung sind Supernovaausbrüche, die stattfinden, nachdem ein massereicher Stern seinen Vorrat an Kernenergie aufgebraucht hat.

Gravitationswellen tragen Energie davon, was zu einer allmählichen Verringerung des Bahnradius führt. Indirekt konnte man die Wellen deshalb durch die Abnahme der Bahnperiode eines Doppelpulsars nachweisen (siehe Kap. 3.3). Im Sonnensystem liegen allerdings nur geringe Leistungen für die Abstrahlung vor. So strahlt die Erde bei ihrem Umlauf um die Sonne nur eine Leistung von etwa 200 Watt ab. Der größte Planet Jupiter wird wegen der Abstrahlung von Gravitationswellen in die Sonne stürzen – aber erst nach über 10^{23} Jahren, was dem 10^{13}-fachen Alter des Universums entspricht. Das sind natürlich viel größere Zeiten als die in Kap. 1.2 diskutierten und ohne praktische Relevanz, da das Sonnensystem zu dieser fernen Zeit nicht mehr existieren wird. In der letzten Phase der Verschmelzung kompakter Objekte werden die Geschwindigkeiten so groß, dass die Näherungsformel [15] ihre Gültigkeit verliert. Um die Abstrahlung an Gravitationswellen zu berechnen, die in dieser nur Bruchteile von Sekunden währenden Phase erzeugt werden, müssen die Einstein-Gleichungen unter dem Einsatz von Hochleistungsrechnern gelöst werden.

Aufgrund der astronomischen Dimensionen bei ihrer Erzeugung haben nachweisbare Gravitationswellen normalerweise eine weitaus größere Wellenlänge als die von Licht oder Radiowellen. Eine typische Größe ist hundert Kilometer, was einer Frequenz von etwa einem Kilohertz (1 kHz) entspricht. Solche Wellen werden z. B. von einer Supernova abgestrahlt, wobei etwa ein Prozent der beim Kollaps des Sterns freigesetzten Energie in Form von Gravitationswellen abgestrahlt wird. Licht entsteht typischerweise durch atomare Emissionsprozesse und hat deshalb viel kleinere Wellenlängen und entsprechend höhere Frequenzen – typisch sind etwa Wellenlängen von 10^{-7} Metern und Frequenzen von 10^{15} Hz (bei Radiowellen etwa 10^{7} Hz). Die Frequenzen der Gravitationswellen entsprechen eher denen der Akustik (der Kammerton a hat eine Frequenz von 440 Hz). Insgesamt erwartet man relevante Frequenzen im Bereich zwischen 10^{-17} Hz und einigen kHz, wobei die niedrigen Frequenzen im Allgemeinen kosmologischen Ursprungs sind.

Wie kann man Gravitationswellen direkt nachweisen? Wie bei elektromagnetischen Wellen fällt die Amplitude proportional zum inversen Abstand ab. Für die Kreisbewegung einer Masse M mit der Geschwindigkeit v im Abstand r von der Erde findet man den Ausdruck

$$A \approx \frac{2GMv^2}{rc^4} = \frac{R_S}{r}\left(\frac{v}{c}\right)^2 . \qquad (16)$$

Die Amplitude ist immer gleich der relativen Längenänderung $\Delta L/L$ eines von der Welle durchquerten Objektes (vgl. Abb. 18). In unmittelbarer Nähe der Quelle wird das Objekt über eine Länge gedehnt und gestaucht, die gleich der eigenen Ausdehnung ist; in größeren Entfernungen entsprechend weniger. Betrachtet man beispielsweise eine Masse von 10 Sonnenmassen, die sich in 26 000 Lichtjahren Entfernung (Abstand zum galaktischen Zentrum) mit einem Hundertstel der Lichtgeschwindigkeit bewegt, so findet man für die Amplitude (und die daraus resultierende relative Längenän-

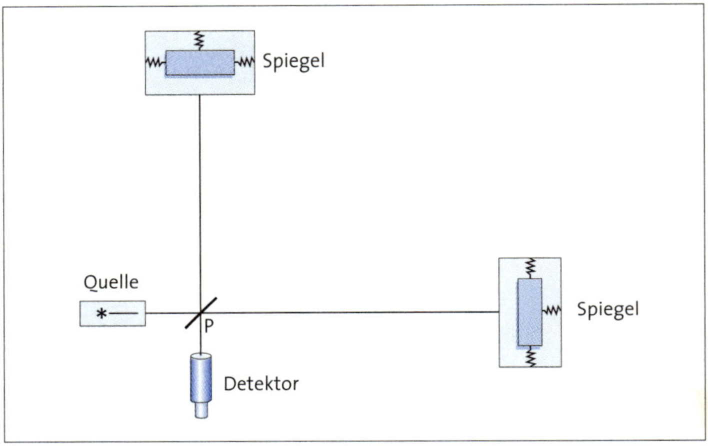

Abb. 19: Interferometer (schematisch) zum Nachweis von Gravitationswellen

derung) auf der Erde den winzigen Wert von 10^{-20}! Über den Erddurchmesser hinweg führt dies zu einer relativen Längenänderung von etwa $10^{-20} \cdot 10^{4}$ Kilometer, was gleich 10^{-10} mm und damit gleich dem Tausendstel eines Atomdurchmessers ist.

Wie kann man solche winzigen Änderungen messen? Der historisch erste Versuch geschah mit zylinderförmigen Resonatoren, welche durch eine Gravitationswelle in Schwingungen versetzt werden. Leider ist hierfür die Messgenauigkeit bisher nicht ausreichend, um ein Signal eindeutig nachweisen zu können. Aussichtsreichere Versuche werden deshalb mit so genannten Interferometern (Abb. 19) unternommen.

Dort fällt ein Laserstrahl auf einen halbdurchlässigen Spiegel, wird von ihm in zwei Teilstrahlen aufgespalten, welche dann zu zwei weiteren Spiegeln laufen. Dort werden die Teilstrahlen zurückreflektiert, im Punkt P überlagert und im Detektor zur Interferenz gebracht. In der Praxis läuft das Licht mehrmals hin und her. Fällt eine Gravitationswelle ein, so werden die relativen Abstände geändert, während das Laserlicht unterwegs ist. Es kommt dadurch zu einer Verschiebung des Interferenzmusters im Detektor, die im Prinzip nachweisbar ist. Dies funktioniert freilich nur, wenn es mehrere Detektoren auf verschiedenen Orten der Erde gibt, die ein gleichartiges Signal messen; ansonsten könnte man nie sicher sein, ob es sich tatsächlich um ein echtes Signal oder nur um einen Störeinfluss handelt.

Die in Betrieb genommenen Interferometer sind die beiden LIGO-Interferometer (USA) mit Armlängen von 4 km, VIRGO (Italien) mit 3 km Armlänge, TAMA (Japan) mit 300 m Armlänge und GEO600 (Deutschland, bei Hannover) mit 600 m Armlänge. Erste Ergebnisse werden für die Jahre 2003/2004 erwartet. Die Empfindlichkeit des deutsch-britischen Projektes GEO600 etwa beträgt $A \approx 10^{-20} \dots 10^{-21}$ für kurzzeitige Signale und bis zu fünf Größenordnungen mehr für länger andauernde Signale.

Dem Nachweis von Gravitationswellen mit größerer Wellenlänge soll das Projekt LISA (»Laser Interferometer Space Antenna«) dienen, das aus drei Satelliten im Weltraum besteht, die ein gleichseitiges Dreieck (Seitenlänge etwa fünf Millionen Kilometer) bilden und der Erde auf ihrem Weg um die Sonne folgen. Der Start ist für 2010 geplant. Damit sollte es im Prinzip möglich sein, niederfrequente Gravitationswellen nachzuweisen, die aus einer sehr frühen Phase des Universums stammen (siehe Kap. 5.2).

3 EXPERIMENTELLE TESTS DER ALLGEMEINEN RELATIVITÄTSTHEORIE

3.1 Die klassischen Tests

Wir hatten in Kap. 2.2 das Äquivalenzprinzip als Schlüssel zur geometrischen Natur von Raum und Zeit kennen gelernt. Eine direkte Konsequenz ist die gravitative Rotverschiebung und die damit einhergehende Zeitdilatation im Gravitationsfeld. Es soll daher im Folgenden zunächst um die Messung dieser Effekte gehen. Jede geometrische Theorie der Gravitation sagt sie voraus. Danach sollen die restlichen beiden »klassischen« Tests behandelt werden – die Lichtablenkung an der Sonne und die Periheldrehung des Merkur. In deren Berechnung geht die spezielle Form der Einstein'schen Feldgleichungen ein, sodass es sich hier tatsächlich um Tests dieser Gleichungen handelt.

Als Äquivalenzprinzip hatten wir zunächst die Gleichheit von träger und schwerer Masse bezeichnet. Etwas präziser spricht man hierbei vom »schwachen Äquivalenzprinzip«. Die in Kap. 2.2 behandelte Version ist stärker; dort war die lokale Äquivalenz von frei fallenden und im Weltraum weitab von Massen schwebenden Systemen postuliert worden, welche man als »Einstein'sches Äquivalenzprinzip« bezeichnet. Es beinhaltet, dass alle (nichtgravitativen) Gesetze der Physik in beiden Systemen die gleiche Form haben. Lokal soll immer die Spezielle Relativitätstheorie gelten. Insofern ist jeder Test der Speziellen auch ein Test der Allgemeinen Relativitätstheorie. Postuliert man dies sogar für die Gültigkeit gravitativer Phänomene, so spricht man vom »starken Äquivalenzprinzip«. Man vermutet, dass die Allgemeine Relativitätstheorie die einzige Theorie der Gravitation ist, in der die starke Version gilt.

Experimentelle Tests setzen zunächst beim schwachen Äquivalenzprinzip an. Betrachtet man etwa ein schwingendes Pendel mit verschiedenen Materialien, so hängt bei Gleichheit von träger und schwerer Masse dessen Schwingungsdauer nicht vom Material ab. Auf diese Weise konnten bereits Galilei und Newton diese Gleichheit bestätigen, wobei die Genauigkeit bei Newton bereits etwa ein Promille betrug. Eine weitaus höhere Genauigkeit erreichte Roland von Eötvös (1848–1919) mit seinen Experimenten in Budapest. Eötvös nützte aus, dass ein Körper auf der rotierenden Erde neben der Schwerkraft auch eine Zentrifugalkraft erfährt (Abb. 20).

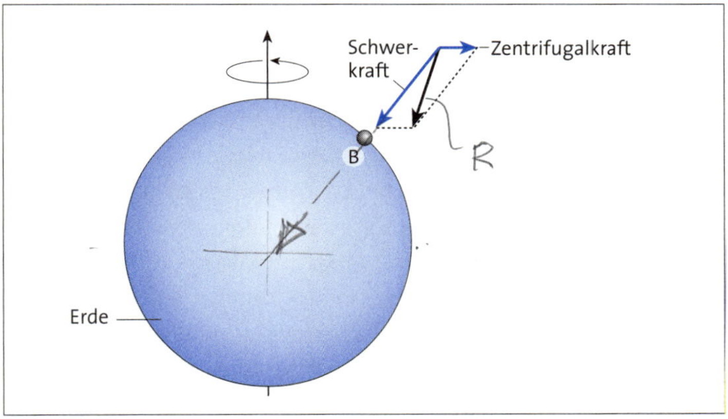

Abb. 20: Zum Eötvös-Experiment.

Die Zentrifugalkraft ist zur trägen Masse des Körpers proportional, siehe [6], und von der Rotationsachse der Erde *weg* gerichtet. Die Gravitationskraft ist natürlich zur schweren Masse proportional und weist zum Erdmittelpunkt. Die Resultierende aus beiden Kräften zeigt also nicht direkt nach unten (auf der Höhe von Budapest beträgt der Abweichwinkel etwa ein Zehntel Grad). Falls das Verhältnis der trägen zur schweren Masse vom Material abhinge, würde dies auch für die Richtung der resultierenden Kraft gelten. Um dies zu überprüfen, benutzte Eötvös eine Torsionswaage, wie sie Cavendish zur Bestimmung der Gravitationskonstante eingesetzt hatte (Abb. 2). An einem Balken hängen zwei Körper mit unterschiedlichem Material (etwa Holz und Metall). Der Balken wiederum hängt an einem dünnen Draht. Ist nun die Ablenkung für die beiden an dem Balken hängenden Massen verschieden groß, so ergibt sich eine Verdrillung des Drahtes, die sich explizit dadurch nachprüfen lassen sollte, dass man die Waage um 180° dreht – dann weist die Verdrillung nämlich in die entgegengesetzte Richtung. Eötvös und Mitarbeiter konnten mit der erstaunlichen Genauigkeit von $5 \cdot 10^{-9}$ zeigen, dass es diese Verdrillung nicht gibt, schwere und träge Masse für die betrachteten Körper also gleich sind.

Spätere Experimente, insbesondere von Robert Dicke in den USA sowie Vladimir Braginsky in der Sowjetunion, konnten die Genauigkeit bis auf 10^{-12} steigern. Hierbei benutzte man das Gravitationsfeld der Sonne und die Zentrifugalkraft der Erdbewegung um die Sonne. Wird die Waage so aufgehängt, dass die Verbindungslinie der Körper in Nord-Süd-Richtung zeigt, so kann es um Mittag und Mitternacht keinen Effekt geben, da die Kräfte in Richtung der Verbindungslinie wirken. Hingegen wäre um 6 Uhr und um 18 Uhr der Effekt maximal (mit entgegengesetztem Vorzeichen), falls träge und schwere Masse verschieden wären. Im Unterschied zu den Eötvös-Versuchen muss die Waage also nicht gedreht werden (das übernimmt die Erdrotation), und der Fehler wird kleiner. In Experimenten von Eric Adelberger an der University of Washington konnte Ende der neunziger Jahre das schwache Äquivalenzprinzip mit einer Genauigkeit von etwa $4 \cdot 10^{-13}$ bestätigt werden.

Wegen der Wichtigkeit des Äquivalenzprinzips sind Experimente in Vorbereitung, welche die Genauigkeit bis auf 10^{-18} steigern sollen. Die Anstrengungen werden auch deshalb unternommen, weil es Ansätze für fundamentale Theorien gibt, die eine winzige Verletzung dieses Prinzips vorhersagen. Diese Experimente sollen direkt mit frei fallenden Körpern operieren: In einem Satelliten, der um die Erde kreist, befinden sich Paare von konzentrischen Zylindern aus unterschiedlichen Materialien, die nur entlang ihrer Symmetrieachse frei beweglich sind (frei fallen). Bei einer Verletzung des Äquivalenzprinzips würden diese Zylinder eine Relativbeschleunigung erfahren und während eines Umlaufs relativ zueinander schwingen. Eines dieser Projekte heißt STEP (»Satellite Test of the Equivalence Principle«) und soll ab ca. 2003/04 einsatzbereit sein. Eine Vorstufe hierzu sind Experimente, die am Fallturm in Bremen stattfinden, wobei die Fallhöhe etwa 110 m beträgt. Man konnte dort das Äquivalenzprinzip direkt mit einer Genauigkeit von 10^{-12} bestätigen. Weitere Satellitenprojekte sind GALILEO GALILEI (geplante Genauigkeit: 10^{-17}) und MICROSCOPE (geplante Genauigkeit: 10^{-15}).

Wichtige Konsequenzen des (Einstein'schen) Äquivalenzprinzips sind gravitative Rotverschiebung und gravitative Zeitdilatation. In Kap. 2.2 wurde die Größe der Rotverschiebung berechnet, siehe [13]. Dieser Effekt wurde im Labor in Experimenten von Pound und Rebka (1959) sowie Pound und Snider (1965) an der Harvard-Universität nachgewiesen. Der Abstand von der Quelle zum Detektor betrug $h = 22{,}5$ m. Nach Formel [12] ergibt dies eine relative Rotverschiebung um den winzigen Betrag von $2{,}5 \cdot 10^{-15}$. Die Messung konnte nur gelingen, weil man einen Effekt der Kernphysik ausnützen konnte – den kurz zuvor entdeckten Mößbauer-Effekt. Wenn Atome in einen Kristall eingebunden sind, kann der Rückstoßimpuls, der bei Aussendung eines Photons entsteht, vom gesamten Kristall aufgenommen werden. Da die Masse des Kristalls viel größer als die des emittierenden Atoms ist, wird dabei vom Kristall nur wenig Energie aufgenommen; das ausgesandte Photon hat deshalb eine scharf definierte Energie und – nach der Quantentheorie – Frequenz. Hat das Photon dann die Höhe h erklommen, so besitzt es wegen der Rotverschiebung eine kleinere Frequenz. Es kann deswegen von einem gleichartigen Kristall, der sich auf dieser Höhe befindet, nicht mehr absorbiert werden, da die Frequenz »nicht mehr passt«. Bewegt man aber den Absorber auf das Photon zu, so ergibt sich eine Doppler-Verschiebung hin zu größeren Frequenzen, die bei einer geeigneten Geschwindigkeit die Rotverschiebung gerade kompensieren kann und dadurch Absorption ermöglicht. Aus dieser Geschwindigkeit kann man dann die Rotverschiebung ermitteln. Um Fehler klein zu halten, wurde auch die Blauverschiebung gemessen, die entsteht, wenn das Licht von oben nach unten läuft, und eine Mittelung durchgeführt. Dadurch konnte man die Formel [13] mit einer Genauigkeit von einem Prozent bestätigen. Neuere Experimente haben dies weiter verbessert.

Rotverschiebung und gravitative Zeitdilatation haben den gleichen Ursprung – Uhren gehen langsamer, wenn sie sich auf einer geringeren Höhe im Gravitationsfeld befinden (siehe Kap. 2.2). In einem berühmten Experiment, das Hafele und Keating 1972 durchgeführt haben, wurde der Uhrenstand einer Atomuhr, die in einem Flugzeug um die Erde geflogen war, mit dem Stand einer gleichgebauten Uhr auf der Erde verglichen. Vor dem Flug waren alle Uhren synchronisiert worden. Interessant dabei war, dass sowohl die Zeitdilatation der Speziellen Relativitätstheorie, siehe [11], als auch der Effekt der gekrümmten Raumzeit, der auf [13] beruht, gemessen werden konnte. Die Trennung ließ sich dadurch bewerkstelligen, dass man einmal in Westrichtung und einmal in Ostrichtung um die Erde flog. Der gravitative Effekt hängt nur von der Höhe ab und ist jedes Mal der gleiche. Beim Westflug fliegt das Flugzeug entgegengesetzt zur Erddrehung und ist somit langsamer als die auf der Erde zurückgelassene Uhr (langsamer in Bezug auf den Erdmittelpunkt). Nach [11] geht die Uhr auf der Erde also bezüglich der Speziellen Relativitätstheorie langsamer, was sich zum gravitativen Effekt addiert (wonach eine Uhr auf niedriger Höhe immer langsamer geht). Beim Ostflug hingegen geht die Uhr im Flugzeug langsamer, da Flug und Erddrehung gleichgerichtet sind. Die erdgebundene Uhr geht also in Bezug auf diesen Effekt schneller, was dem gravitativen Beitrag entgegenwirkt. Der Unterschied in den Uhrengängen ist von der Größe einiger hundert Nanosekunden, weshalb bei der Präzision der Atomuhren der Effekt mit einer Genauigkeit von etwa acht Prozent bestätigt werden konnte. Mittlerweile müssen diese Effekte bei vielen Anwendungen berücksichtigt werden – im **Positionierungssystem GPS** etwa kann man eine Position auf der Erdoberfläche nur deshalb bis auf etwa einen Meter genau bestimmen, weil die Zeitdilatation bei der zugrunde liegenden Lichtausbreitung in die Rechnungen einbezogen wird.

S. 89

Bei den oben diskutierten Tests des Äquivalenzprinzips handelt es sich um Massen, die so klein sind, dass deren gravitative Bindungsenergie vernachlässigbar ist. Die Bindungsenergie kann man sich veranschaulichen, indem man sich den Körper aus vielen Teilen zusammengesetzt denkt. Diese Teile seien zunächst weit voneinander getrennt. Fügt man sie nun in Gedanken zu dem Körper zusammen, so wird durch die gravitative Anziehung Energie gewonnen – die Bindungsenergie. Nach der Äquivalenz von Energie und Masse ($E = mc^2$) entspricht diese Energie einer Masse, die wiederum ein Gravitationsfeld erzeugt. Es stellt sich jetzt die Frage, ob auch solche Bindungsenergien im Gravitationsfeld gleich schnell fallen. Gilt das starke Äquivalenzprinzip (siehe oben), so ist die Frage zu bejahen. Für einen Test kann man Erde und Mond betrachten, die im Gravitationsfeld der Sonne frei fallen. Deren gravitative Bindungsenergien weisen einen unterschiedlichen Anteil an der jeweiligen Gesamtenergie auf und sind gleichzeitig groß genug, um signifikant beizutragen. Falls Erde und Mond mit unterschiedlicher Beschleunigung zur Sonne hin fielen, würde sich eine stete Ausbuchtung der Mondbahn in Richtung Sonne ergeben. Danach hat man durch eine präzise Messung des Erde-Mond-Abstandes gesucht. Eine solche Messung geschieht durch *lunar laser ranging* (LLR) mittels Laserreflektoren, die von den Apollomissionen auf dem Mond zurückgelassen wurden. Da man den Erde-Mond-Abstand hiermit bis auf einen Zentimeter genau bestimmen kann, ist es gelungen, die Gültigkeit des starken Äquivalenzprinzips bis auf ein Promille genau zu bestätigen.

Für die im Folgenden zu diskutierenden klassischen Tests der Allgemeinen Relativitätstheorie benötigt man die Einstein'schen Feldgleichungen. In einer gekrümmten Raumzeit läuft das Licht auf Geodätischen (siehe Kap. 2), unterliegt also auch der Schwere. Das führt insbesondere dazu, dass Licht in der Nähe massiver Objekte im Vergleich zur flachen Raumzeit abgelenkt wird (Abb. 21). Dabei beträgt lokal die Lichtgeschwindigkeit wegen des Äquivalenzprinzips immer gleich c, doch läuft Licht in der Nähe von Massen langsamer, da sich Zeit- und Längenintervalle ändern. Der Lichtweg ist gekrümmt, weil sich die lokalen Inertialsysteme (in denen das Licht gerade läuft) nicht zu einem endlichen Inertialsystem zusammenfügen lassen.

Betrachtet man einen kugelsymmetrischen Körper der Masse M, so ist die Raumzeit in seiner Umgebung durch die Schwarzschild-Lösung gegeben (siehe Kap. 2.4). Berechnet man in dieser Raumzeit die Geodätischen, auf denen das Licht läuft, so lässt sich der Ablenkungswinkel berechnen. Bezeichnet R den Abstand des Lichtes vom Massenmittelpunkt bei größter Annäherung, so ist der Winkel durch den Ausdruck

$$\alpha := \frac{4GM}{c^2R} = \frac{2R_S}{R} \qquad (17)$$

gegeben. Im Sonnensystem ist dieser Effekt für einen Lichtstrahl am größten, der in der Nähe des Sonnenrandes verläuft. Der Ablenkungswinkel beträgt hierfür etwa 1,75 Bogensekunden. Wegen der Helligkeit der Sonne kann man diese Ablenkung nur bei einer totalen Sonnenfinsternis beobachten. Man vergleicht dazu die relativen Positionen von Sternen in ganzen Sterngruppen, einmal mit dabeistehender Sonne und einmal ohne. Der Unterschied ist der gesuchte Ablenkungswinkel. Interessant ist, dass sich auch im Rahmen der Newton'schen Theorie (siehe Kap. 1) eine Ablenkung ergibt, wenn man annimmt (wie es Newton getan hat), dass das Licht aus Teilchen besteht. Der Newton'sche Winkel wäre aber nur halb so groß wie [17], da die Raumkrümmung unberücksichtigt bleibt. In einer Sonnenfinsternisexpedition zur Beobachtung dieses Effektes unter Leitung von Arthur Eddington konnte 1919 der Einstein'sche Wert (allerdings mit geringer Genauigkeit) bestätigt werden. Einstein wurde mit einem Schlag berühmt. Moderne Messungen bestimmen die Ablenkung von Radiowellen, die von einem Quasar stammen, der einmal im Jahr von der Sonne bedeckt wird. Damit findet man einen Wert von $\alpha = 1{,}76 \pm 0{,}02$ Bogensekunden. Die Lichtablenkung spielt auch in der Kosmologie eine große Rolle. So kann die elektromagnetische Strahlung weit entfernter Objekte (beispielsweise Quasare)

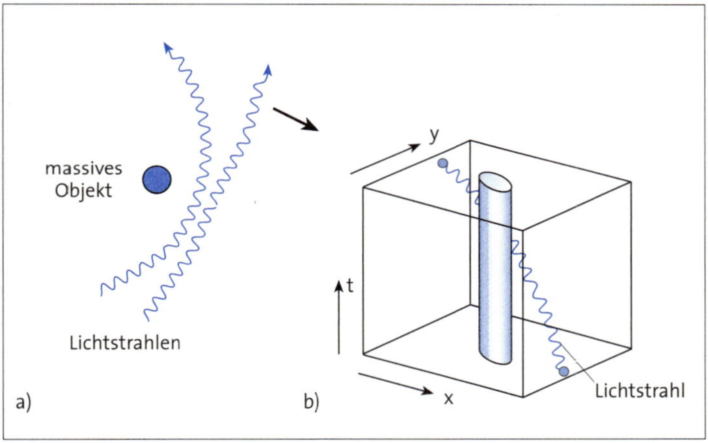

Abb. 21: Lichtablenkung in der Nähe eines massiven Körpers; (a) Darstellung im Raum, (b) Darstellung in der Raumzeit.

durch Galaxienhaufen so abgelenkt werden, dass man Mehrfachbilder dieser Objekte sieht. Man spricht in diesem Zusammenhang von **Gravitationslinsen**. S. 91

Ein ähnlicher Effekt wie die Lichtablenkung ist die so genannte Laufzeitverzögerung elektromagnetischer Wellen. Schickt man etwa ein Radarsignal zur Venus und zurück, so ist die Laufzeit für einen Strahl in Sonnennähe größer als für einen Strahl in Sonnenferne. Auch dieser Effekt (»Shapiro-Effekt«) konnte mit großer Genauigkeit gemessen werden.

Der letzte der klassischen Tests betrifft die Periheldrehung des Merkur. In der Newton'schen Theorie bewegen sich Planeten auf Ellipsenbahnen um die Sonne, wobei diese Ellipsen eine feste Position im Raum (bezüglich weit entfernten Objekten) einnehmen, solange der Einfluss anderer Himmelskörper unberücksichtigt bleibt. Die Allgemeine Relativitätstheorie sagt hingegen eine Drehung der Ellipsen voraus, die man am besten als die Drehung des Perihels – des sonnennächsten Punkts der Bahn – beobachtet (Abb. 22). In diesen Effekt geht – im Unterschied zu den bisher diskutierten Effekten – bereits die Nichtlinearität der Theorie ein, also die Tatsache, dass ein Gravitationsfeld wieder ein solches erzeugt.

Am stärksten ist dieser Effekt beim sonnennächsten Planeten, dem Merkur. Bei seiner Bahn ist am ehesten der Unterschied zwischen Newton'schem und Einstein'schem Potential (Abb. 17) zu sehen. Es ergibt sich eine Drehung um den Winkel

$$\Delta\phi = \frac{6\pi GM}{c^2 a(1-e^2)} = \frac{3\pi R_S}{a(1-e^2)}\,, \qquad (18)$$

wobei M wieder die Masse (hier: Sonnenmasse), a die große Halbachse und e die Exzentrizität der Ellipse bedeuten. Für den Merkur ergibt das den winzigen Wert von etwa 43 Bogensekunden pro Jahrhundert, was 30 000 Jahrhunderten für einen vollen Kreis entspricht! Die beobachtete Periheldrehung ist natürlich größer, da es die von den anderen Planeten herrührenden Einflüsse gibt. Man hat aber bereits im 19. Jahrhundert erkannt, dass nach Abzug all dieser Einflüsse ein – damals unverstandener – Wert von 43 Bogensekunden pro Jahrhundert verbleibt (siehe Kap. 1.2). Dieser konnte erst von der Allgemeinen Relativitätstheorie erklärt werden – für Einstein angeblich der glücklichste Augenblick seines Lebens.

3.2 Weitere Präzisionsexperimente

Die Entwicklung der modernen Technologie hat es ermöglicht, nicht nur die klassischen Tests mit höherer Genauigkeit durchzuführen, sondern auch weitere nur schwer messbare Effekte zu überprüfen. Hier sollen exemplarisch die geodätische Präzession und der – vom Prinzipiellen her besonders wichtige – Thirring-Lense-Effekt vorgestellt werden.

Eine Eigenschaft der gekrümmten Raumzeit ist die Wegabhängigkeit der Parallelverschiebung (siehe Kap. 2.2, insbesondere Abb. 14):

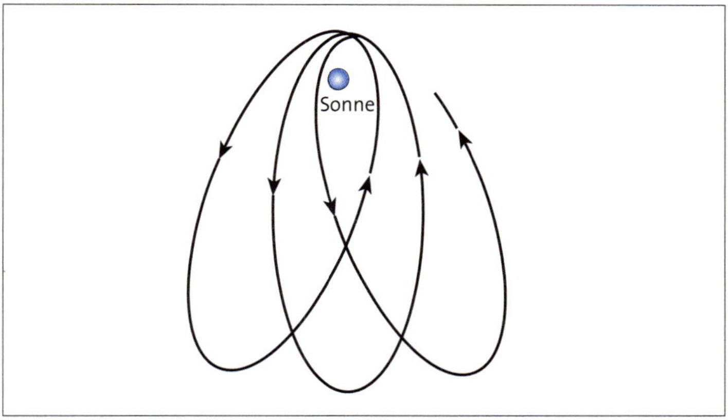

Abb. 22: Zur Periheldrehung

Ein entlang einer geschlossenen Kurve parallelverschobener »Pfeil« kommt im Allgemeinen nicht mehr mit seiner Ausgangsrichtung zurück. Dieser Sachverhalt ist für einen Effekt wichtig, der bereits 1916 von Willem de Sitter berechnet wurde. Man betrachte der Einfachheit halber einen Satelliten, der sich auf einer Kreisbahn in der Äquatorebene um die Erde bewegt. Auf diesem Satelliten befinde sich ein Kreisel, dessen Achse in radiale Richtung weise. Nach einem Umlauf wird diese Kreiselachse wegen der Wegabhängigkeit der Parallelverschiebung nicht mehr in die gleiche Richtung weisen (definiert etwa durch einen fernen Fixstern), sondern etwas zurückbleiben. Es ergibt sich eine Präzession bezüglich einer Achse, die senkrecht zur Bahnebene weist und die man als geodätische Präzession bezeichnet (Abb. 23). Beträgt der Radius der Kreisbahn R, so ist die Winkelgeschwindigkeit Ω approximativ durch den Ausdruck

$$\Omega = \frac{3GM}{2R^2c^2}\sqrt{\frac{GM}{R}} \qquad (19)$$

gegeben. Wie lässt sich dies messen? Das aus Erde und Mond bestehende System kann als ein Kreisel betrachtet werden, der um die

Sonne läuft. (Die Bahnebene des Mondes um die Erde ist gegen die Bahnebene der Erde um die Sonne geneigt.) Die geodätische Präzession führt zu einer Präzession der Kreiselachse um die Normale zur Ekliptik (der Erdbahnebene) um einen Winkel von etwa 0,02 Bogensekunden pro Jahr. Dieser Effekt konnte 1996 mit 0,7% Genauigkeit bestätigt werden, was durch die genaue Vermessung des Erde-Mond-Abstandes mittels des schon erwähnten *lunar laser ranging* ermöglicht wurde. Die Referenzrichtung wird dabei durch Quasare definiert, die man mit Radioteleskopen beobachtet. Seit vielen Jahren in Planung ist das Satellitenexperiment *Gravity Probe B*, bei dem ein Kreisel in einem Satelliten auf einer Höhe von 650 km um die Erde geführt werden soll. Die geodätische Präzession beträgt hierfür etwa 6,6 Bogensekunden pro Jahr, was mit einer Genauigkeit von $2 \cdot 10^{-5}$ gemessen werden soll (Abb. 23).

Im Falle einer *rotierenden* Masse gibt es noch einen weiteren Effekt, den Hans Thirring und Joseph Lense ab 1918 untersucht haben. Durch die Rotation wird eine »Mitrotation« des Raumes in der Umgebung der Masse erzwungen, was sich in einer Mitrotation der lokalen Inertialsysteme äußert. (Im Allgemeinen kann man nur von einer Beeinflussung reden, da die »Mitrotation« in extremen Situationen auch in die entgegengesetzte Richtung erfolgen kann.) Man betrachte dazu ein Foucault'sches Pendel, das man sich der Einfachheit halber am Nordpol aufgestellt denkt. Dieses Pendel war im 19. Jahrhundert zum direkten Nachweis der Erdrotation ersonnen worden. Da das Pendel in der Newton'schen Theorie in Bezug auf die Fixsterne seine Schwingungsebene beibehält, rotiert die Erde unter diesem weg – am Nordpol gerade einmal pro Tag. Der Thirring-Lense-Effekt besagt nun, dass die Schwingungsebene durch die rotierende Erde um einen winzigen Betrag bezüglich der Fixsterne mitgedreht wird. Für das bereits erwähnte Satellitenexperiment *Gravity Probe B* soll diese Drehung nur etwa 0,04 Bogensekunden pro Jahr betragen. Dieser Effekt kommt zusätzlich zur geodätischen

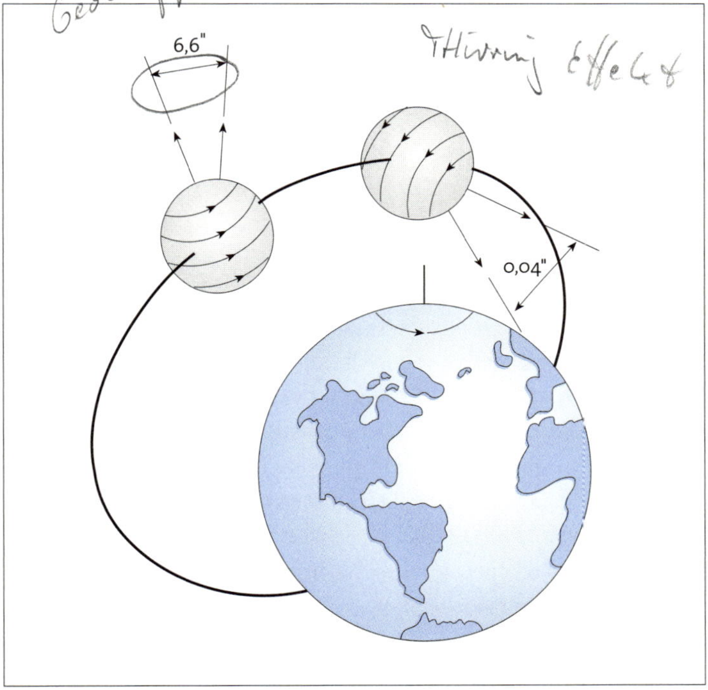

Abb. 23: Geodätische Präzession und Thirring-Lense-Effekt

Präzession, lässt sich von dieser aber dadurch unterscheiden, dass die Drehungen um unterschiedliche Achsen erfolgen (Abb. 23). Die Messung soll mit einer Genauigkeit von 0,3 % erfolgen. Der Thirring-Lense-Effekt wurde bereits 1998 mit einem Satellitenpaar beobachtet, wobei der Fehler bei der Messung allerdings noch beträchtlich war. Sehr groß wird dieser Effekt bei Schwarzen Löchern (siehe Kap. 4.2).

Dieser Effekt wird oft im Zusammenhang mit dem **Mach'schen** S. 102
Prinzip diskutiert, bei dem es um Relativbeschleunigungen geht. Er besitzt auch eine Analogie zum Magnetismus. Dieser wird ja durch

bewegte Ladungen hervorgerufen, während es beim Thirring-Lense-Effekt um bewegte Massen geht. Das Magnetfeld einer rotierenden geladenen Kugel hat die gleiche Form wie das »Feld« der Winkelgeschwindigkeiten beim Thirring-Lense-Effekt (ein so genanntes Dipolfeld). Man spricht aus diesem Grund auch vom Gravitomagnetismus.

3.3 Der Doppelpulsar 1913+16

Die Effekte der Allgemeinen Relativitätstheorie sind im Sonnensystem sehr klein. Am stärksten sind sie noch am Sonnenrand, doch auch dort nur von der Größenordnung 10^{-6}. Diese Zahl ist das Verhältnis von Schwarzschild-Radius [14] der Sonne zu Sonnenradius. Um größere Effekte zu sehen, benötigt man massive kompakte Objekte. Ein Paradebeispiel ist der Doppelpulsar PSR 1913+16 im Sternbild Adler (die Zahlen geben die Himmelskoordinaten an). Er wurde 1974 von Joseph Taylor und Russell Hulse am Radioteleskop in Arecibo (Puerto Rico) entdeckt. Dabei handelt es sich um einen Doppelstern, wobei ein Partner ein Pulsar ist. Ein Pulsar ist ein rotierender Neutronenstern (siehe Kap. 4.1), der regelmäßige Signale in Form von elektromagnetischen Wellen (hier: Radiowellen) aussendet. Die Signale werden entlang den magnetischen Polen ausgesandt; da diese wie bei der Erde nicht mit den Durchstoßpunkten der Rotationsachse übereinstimmen, ergibt sich ein »Leuchtturmeffekt«, bei dem die Signale in regelmäßigen Abständen die Erde überstreichen. Die Pulsperiode bei PSR 1913+16 beträgt 59 Millisekunden.

Um den Pulsar kreist in einem Abstand von nur einem Sonnenradius ein unsichtbares kompaktes Objekt, vermutlich ein erloschener Pulsar. Die Bahnperiode beträgt knapp acht Stunden; da diese relativ kurz ist, können sich relativistische Effekte schnell aufaddieren. Da das System nur aus zwei Objekten besteht, gibt es auch keine Störeinflüsse anderer Körper. Die Ankunftszeiten der Signale auf der Erde lassen sich präzise bestimmen (mit etwa 15 Mikrosekunden Genauigkeit). Dadurch ist eine genaue Bestimmung der Bahnparameter möglich. Mit dieser Kenntnis lassen sich dann Effekte der Allgemeinen Relativitätstheorie nachweisen. So beträgt die Periastrondrehung (das Periastron bezeichnet die größte Annäherung an den gemeinsamen Schwerpunkt) etwa 4,2 Grad pro Jahr. Das ist um ein Vielfaches größer als die Periheldrehung des Merkur von 43 Bogensekunden pro Jahrhundert! Die Zeitdilatation (gravitativer und speziell-relativistischer Anteil) lässt sich wegen der unterschiedlichen Abstände vom Begleiter und unterschiedlichen Geschwindigkeiten genau messen und hat eine Amplitude von über vier Millisekunden. Tatsächlich benutzt man diese Messungen nicht, um die Allgemeine Relativitätstheorie zu überprüfen, sondern um bei angenommener Gültigkeit der Theorie die Massen der beiden Objekte und den Inklinationswinkel mit hoher Präzision zu bestimmen.

Die wichtigste Messung betrifft freilich die Abnahme der Bahnperiode. Da die beiden Objekte umeinander kreisen, strahlen sie Energie in Form von Gravitationswellen (siehe Kap. 2.5) ab. Dadurch werden die Bahnen enger, die Objekte bewegen sich schneller, und die Bahnperiode wird kürzer. Beobachtet wird eine relative Abnahme von $2{,}4 \cdot 10^{-12}$. Diese Messung ist mit der Theorie der Gravitationswellen in exzellenter Übereinstimmung (Abb. 24) – wodurch die Existenz von Gravitationswellen indirekt nachgewiesen wurde! (Hulse und Taylor wurden 1993 dafür mit dem Physik-Nobelpreis ausgezeichnet.)

Man konnte noch bei mindestens drei weiteren Doppelpulsaren Effekte der Allgemeinen Relativitätstheorie nachweisen.

4 KOMPAKTE OBJEKTE

4.1 Weiße Zwerge und Neutronensterne

Sterne wie die Sonne sind dadurch charakterisiert, dass es ein Gleichgewicht zwischen Gravitation und Strahlungsdruck gibt. Der

Strahlungsdruck hat seinen Ursprung in der Kernfusion (Verschmelzung von Atomkernen), die als Energiequelle der Sterne fungiert. Ohne diesen Druck würde die Sonne aufgrund ihrer Gravitation in etwa einer Stunde zusammenfallen.

In einem gebundenen System gibt es einen »Massendefekt«, der darauf beruht, dass bei der Bildung des Systems Energie frei wird – die bereits in Kap. 3.1 erwähnte Bindungsenergie ΔE. Der zugehörige Massendefekt ΔM folgt aus der Energie-Masse-Äquivalenz zu $\Delta M = \Delta E/c^2$. Für die gravitative Bindung gilt

$$\frac{\Delta M}{M_0} \approx \frac{R_S}{R} , \qquad (20)$$

wobei M_0 die ursprüngliche Masse ist, aus der sich der Stern bildet (also die Masse der Gaswolke), R der Sternradius und R_S wieder der Schwarzschild-Radius [14]. Wie schon erwähnt, beträgt dieses Verhältnis für die Sonne etwa 10^{-6}. Der Massendefekt für die Kernkräfte, die für die Kernfusion verantwortlich sind, liegt mit etwa 10^{-2} viel höher.

Nähme man an, dass die Abstrahlung auf der gravitativen Bindungsenergie statt auf der Kernfusion beruhte, so könnte die Sonne ihre gegenwärtige Leuchtkraft von etwa 10^{26} Watt nur etwa 10^7 Jahre lang aufrecht erhalten (so genannte »Kelvin'sche Kontraktionszeit«). Dies galt im 19. Jahrhundert als großes Rätsel, da man einerseits bereits wusste, dass das Sonnensystem viel älter ist, andererseits aber noch keine Kenntnis von Kernkräften hatte. Die viel größere Bindungsenergie bei der Kernfusion hat zur Folge, dass die Sonne eine Lebensdauer von etwa 10^{10} Jahre besitzt.

Was passiert, wenn die Vorräte zur Kernfusion erschöpft sind? Der Stern wird kollabieren und – abhängig von seiner Anfangsmasse – als eines der folgenden drei Objekte enden, sofern er nicht völlig zerstört wird:

- Weißer Zwerg

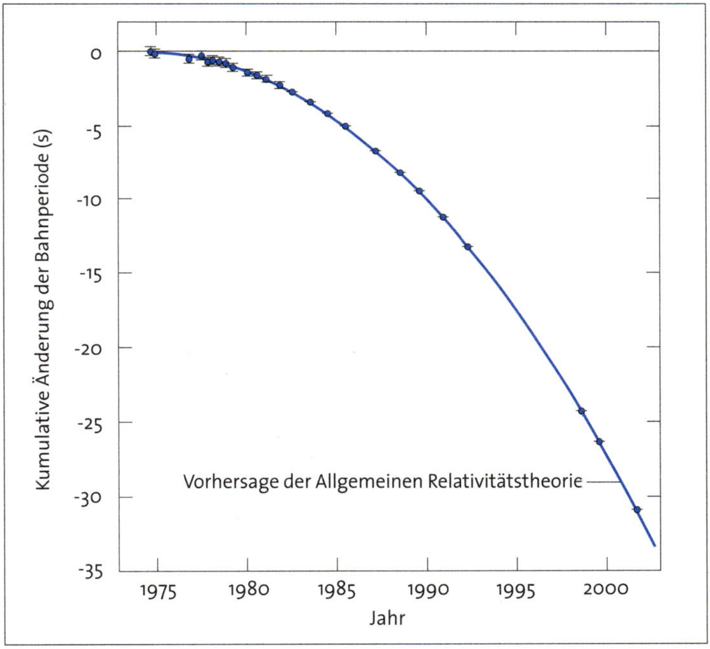

Abb. 24: Abnahme der Bahnperiode aufgrund der Abstrahlung von Gravitationswellen.

- Neutronenstern
- Schwarzes Loch (siehe Kap. 4.2)

Mit steigender Masse wird die Leuchtkraft eines Sterns größer. Er geht somit »verschwenderischer« mit seinem Energiehaushalt um, und seine Lebensdauer sinkt. Deshalb sind auch im heutigen Universum bereits viele Überreste erloschener Sterne vorhanden.

Ein Weißer Zwerg ist ein Objekt, das bei Dichten über etwa 10^4 g/cm³ entstehen kann. Das neue Gleichgewicht entsteht durch einen Gegendruck zur Gravitation, der durch quantenmechanische

Effekte zustande kommt. Er beruht darauf, dass Elektronen Teilchen mit halbzahligem Spin sind (so genannte Fermionen) und deshalb dem Pauli-Prinzip genügen, wonach sich diese Teilchen nicht im gleichen Zustand befinden dürfen (hier: sich nicht am gleichen Ort aufhalten dürfen). Heuristisch lässt sich der Gegendruck wie folgt ableiten: Wegen der Heisenberg'schen Unbestimmtheitsrelation

$$\Delta x \cdot \Delta p \geq \frac{\hbar}{2} \qquad (21)$$

lassen sich Ort und Impuls eines Teilchens nicht genau festlegen ($\hbar$ ist das Planck'sche Wirkungsquantum). Beim Kollaps des Sterns werden die Elektronen der Atome auf immer kleinere Bereiche zusammengedrängt. Da dann Δx immer kleiner werden, müssen die Impulse wegen [21] notgedrungen steigen. Bei einer Einschränkung auf ein Raumgebiet der Größe l^3 wird der Impuls dann grob von der Größenordnung $p \approx \hbar/l$ sein. Damit ist auch eine Energie verknüpft, die bei kleinen Elektrongeschwindigkeiten

$$E = \frac{p^2}{2m_e} \qquad (22)$$

beträgt (m_e ist die Elektronmasse), während sie für Geschwindigkeiten nahe der des Lichtes approximativ durch

$$E = pc \qquad (23)$$

gegeben ist. Der hierdurch entstehende Gegendruck zur Gravitation ist unabhängig von der Temperatur – man bezeichnet diesen Materiezustand deshalb auch als »entartet«. Der Stern kontrahiert deshalb bei Abstrahlung nicht mehr weiter, sondern kühlt sich nur ab. Der Übergang zu hohen Geschwindigkeiten ist dann erreicht, wenn für den Impuls $p \approx m_e c$ gilt. Dem entspricht nach der Unbestimmtheitsrelation eine Länge

$$l \approx \frac{\hbar}{m_e c} = \lambda_c \approx 4 \times 10^{-13}\,m\ , \qquad (24)$$

wobei λ_c die »Compton-Wellenlänge« des Elektrons bezeichnet.

Subrahmanyan Chandrasekhar (1910–1995) konnte um 1930 zeigen, dass Weiße Zwerge eine maximale Masse besitzen, die dann erreicht wird, wenn sich die Elektronengeschwindigkeit der Lichtgeschwindigkeit nähert. Ihm zu Ehren nennt man diese Masse »Chandrasekhar-Grenzmasse«. Sie ist durch den Ausdruck

$$M_C = m_p \alpha_G^{-3/2} \qquad (25)$$

gegeben, worin m_p die Protonmasse und α_G die so genannte Feinstrukturkonstante der Gravitation bedeuten. Letztere lautet explizit:

$$\alpha_G = \frac{m_p^2 G}{\hbar c} \approx 6 \times 10^{-39}\,. \qquad (26)$$

Die Größe der Grenzmasse [25] beträgt dann etwa 1,4 Sonnenmassen (abgekürzt: $1{,}4 M_\odot$). Es kann also keine Weißen Zwerge mit größerer Masse geben. Für den Radius ergibt sich

$$R_C \approx \lambda_c \alpha_G^{-1/2}\,, \qquad (27)$$

was einigen tausend Kilometern entspricht. Das erklärt den Namen dieser Objekte – sie sind astronomisch gesehen relativ klein (nur etwa von Erdgröße); da sie zudem wegen ihrer hohen Oberflächentemperatur weiß leuchten, heißen sie Weiße Zwerge.

Es ist interessant zu sehen, wie hier Mikrophysik (Quantenmechanik) und Makrophysik (Astrophysik) ineinander greifen – die Größenordnung dieser Objekte wird durch das Wirkungsquantum $\hbar$ festgelegt. Der erste Weiße Zwerg, der Begleiter des Sirius, wurde 1862 von Alvan George Clark entdeckt, nachdem die Existenz eines Begleitsterns bereits 1844 von Friedrich Wilhelm Bessel aufgrund der periodischen Bewegungen des Sirius vermutet worden war (wobei freilich zu dieser Zeit noch nicht klar war, dass es sich um einen Weißen Zwerg handelt).

Was passiert, wenn der Kollaps zu höheren Dichten hin erfolgt? Ab einer Dichte von etwa $10^8\,\mathrm{g/cm^3}$ findet ein allmählicher Übergang zu Neutronenmaterie statt. Neutronen können (zusammen mit Neutrinos) aus Protonen und Elektronen bei hohen Dichten entstehen. Der entstehende *Neutronenstern* ist quasi ein riesiger Atomkern mit etwa 10^{57} Neutronen. Neutronen sind wie die Elektronen Fermionen und gehorchen dem Pauli-Prinzip. Sie können deshalb einen Gegendruck erzeugen, welcher der Gravitation die Balance hält und einen stabilen Stern ermöglicht. Auch hier gibt es eine Grenzmasse, die allerdings nicht so genau bekannt ist wie bei Weißen Zwergen, da das Verhalten von Kernmaterie bei sehr hohen Dichten noch nicht völlig verstanden ist. Auf jeden Fall sollte diese Grenzmasse unter $3M_\odot$ liegen. Der Radius eines Neutronensterns ist durch eine Formel wie in [27] gegeben, nur dass dort jetzt die Compton-Wellenlänge des Neutrons, nicht die des Elektrons, eingeht. Da das Neutron etwa 2000-mal schwerer als das Elektron ist, ist ein Neutronenstern um diesen Faktor kleiner als ein Weißer Zwerg – ein typischer Radius ist zehn Kilometer. Die Massen der Elementarteilchen legen also die Größen dieser Sterne fest! Neutronensterne sind somit äußerst kompakte Objekte, wobei die Gravitation so groß ist, dass die höchsten »Berge« nur etwa einen Millimeter hoch sind. Wie in Kap. 3.3 erwähnt, handelt es sich bei Pulsaren um rotierende Neutronensterne.

Welches der Endstadien erreicht wird, hängt von der Anfangsmasse des Sterns ab. Dazu ist zu beachten, dass beim Kollaps Masse abgestoßen wird. Nach der Theorie der Sternentwicklung entsteht bis zu einer Anfangsmasse von etwa $8M_\odot$ ein Weißer Zwerg. Das wird also auch das Schicksal der Sonne sein. Bei höheren Massen kommt es zu einem Supernovaausbruch, bei dem gravitative Bindungsenergie von etwa 10^{45} Joule frei wird. Zwischen etwa 8 und $45\,M_\odot$ entsteht dabei ein Neutronenstern, während bei noch höheren Anfangsmassen die Endmasse zu groß ist, um eine Gleichgewichtskonfiguration zu ermöglichen – es entsteht ein Schwarzes Loch (siehe Kap. 4.2).

4.2 Schwarze Löcher

Beträgt bei einem Sternkollaps die Endmasse mehr als etwa drei Sonnenmassen, so kann auch der quantenmechanische Druck der Neutronen nicht mehr gegen die Gravitation ankommen. Aus allgemeinen Theoremen weiß man, dass es dann keine Gleichgewichtskonfiguration mehr geben kann. Der Stern unterschreitet seinen Schwarzschild-Radius [14] und endet in einer »Singularität« – einem Raumzeitbereich mit unendlich hoher Krümmung. Allerdings können von dem Gebiet innerhalb des Schwarzschild-Radius keine Signale nach außen dringen – nicht einmal Licht. Man bezeichnet ein solches Objekt deshalb als Schwarzes Loch – eine Wortschöpfung von John Wheeler aus dem Jahr 1967. Seine Grenze ist der Schwarzschild-Radius, den man in diesem Zusammenhang als »Ereignishorizont« bezeichnet.

Die Vorhersage von Singularitäten bringt freilich nur zum Ausdruck, dass dort der Gültigkeitsbereich der Allgemeinen Relativitätstheorie endet. Es besteht jedoch die Hoffnung, dass eine umfassendere Theorie der **Quantengravitation** diesen Raumzeitbereich korrekt beschreiben kann. Da aber aus einem Schwarzen Loch keine Information nach außen dringen kann, ist die Frage nach der Natur des Inneren nicht durch direkte Beobachtung entscheidbar. In Abb. 25 ist der Kollaps eines kugelsymmetrischen Sterns zu einem Schwarzen Loch in einem Raumzeitdiagramm dargestellt. S. 115

Eingezeichnet sind auch einige Lichtkegel. Da sich Information nur innerhalb dieser Kegel oder auf deren Rand ausbreiten kann, wird verständlich, warum aus dem Schwarzen Loch keine Signale nach außen dringen können – die Lichtkegel neigen sich dort nach innen. Der Ereignishorizont selbst setzt sich quasi aus Lichtstrahlen zusammen. Es handelt sich also beim Schwarzen Loch um eine extreme Situation für die Lichtablenkung im Gravitationsfeld. Im Inneren ist diese Ablenkung so stark, dass das Licht zur Singularität hin gebogen

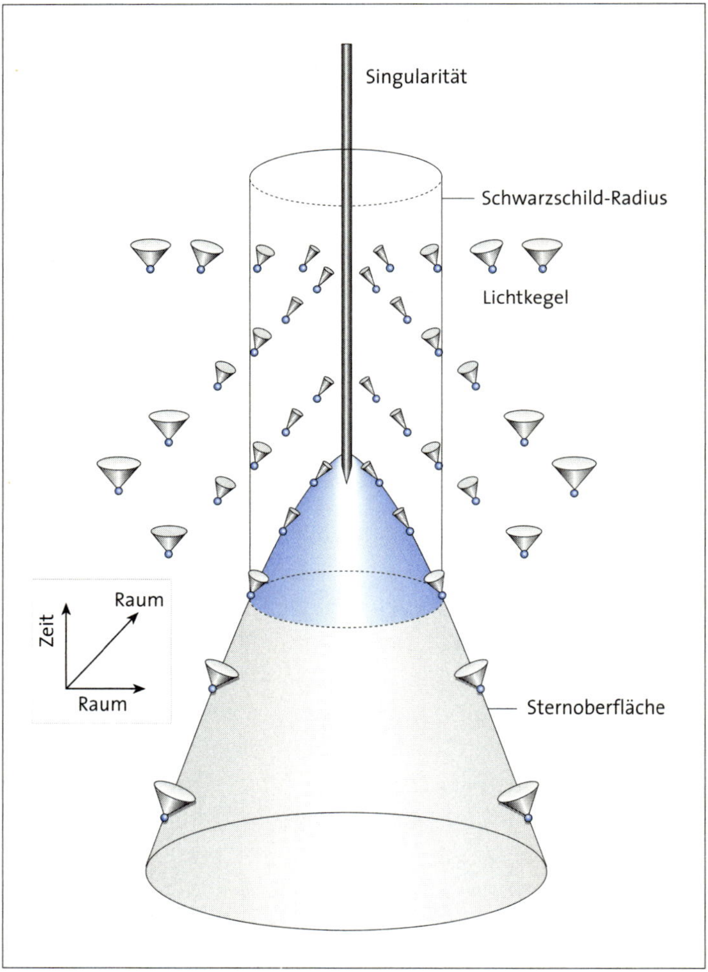

Abb. 25: Sternkollaps zu einem Schwarzen Loch

wird. Wegen der Neigung des Lichtkegels in der Nähe des Ereignishorizontes erreichen einen weit entfernten Beobachter Lichtsignale

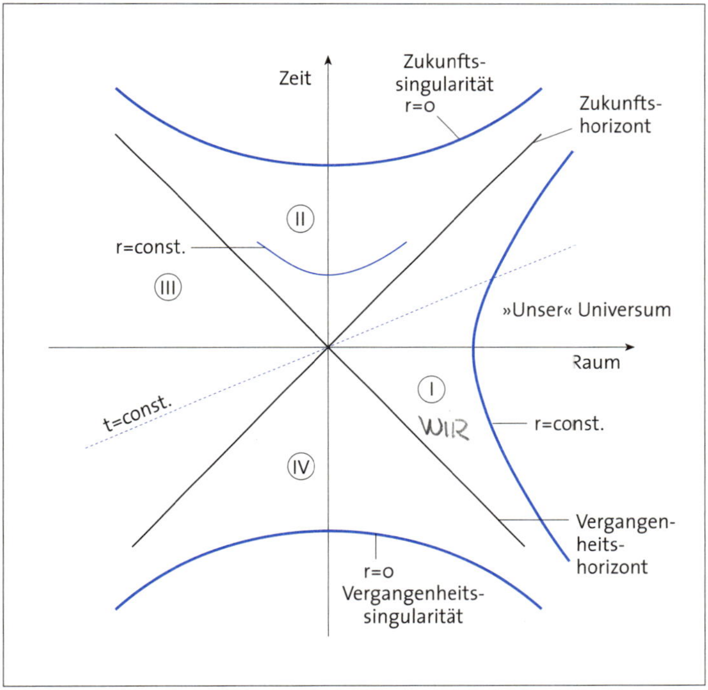

Abb. 26: Kruskal-Diagramm

von der Sternoberfläche immer später. Wegen der gravitativen Rotverschiebung werden diese auch immer schwächer. Tatsächlich ist das Eindringen der Sternoberfläche in den Ereignishorizont von außen nicht beobachtbar, da Signale dann den fernen Beobachter nicht mehr erreichen können. Der Stern scheint stillzustehen, doch nimmt die Leuchtkraft innerhalb kürzester Zeit wegen der Rotverschiebung so rapide ab, dass nichts mehr zu sehen ist. Für einen fiktiven Beobachter auf der Sternoberfläche stellt der Ereignishorizont allerdings keinen speziellen Punkt der Raumzeit dar. Er überquert ihn mit dem Stern und erreicht die Singularität in endlicher Eigenzeit.

Die Raumzeit eines Schwarzen Loches lässt sich übersichtlich darstellen, wenn man geeignete Koordinaten benutzt. Diese Rolle spielen die Koordinaten des so genannten Kruskal-Diagramms, das in Abb. 26 zu sehen ist, wobei zwei Raumdimensionen unterdrückt sind.

Die Koordinaten besitzen die Eigenschaft, dass Lichtkegel wie in der flachen Raumzeit immer um einen Winkel von 45° gegen die Achsen geneigt sind. Das macht die Kausalitätsverhältnisse übersichtlich, da Signale nicht außerhalb der Kegel laufen können. Der durch den Schwarzschild-Radius [14] gegebene Ereignishorizont ist durch die Winkelhalbierenden gegeben. Diese trennen die Raumzeit in vier Bereiche I–IV. Der bisher betrachtete Außenbereich, in dem wir als Beobachter existieren, ist der Bereich I. Der Bereich III hat die gleichen Eigenschaften, doch können zwischen I und III keine Signale ausgetauscht werden. Es handelt sich gewissermaßen um ein »anderes Universum«. Davon getrennt sind die Bereiche II und IV, in deren Innern die Singularität beim Radius $r = 0$ sitzt. Ein Signal, das in II ausgesandt wird, kann nicht in die äußeren Bereiche dringen, sondern muss unweigerlich die Singularität erreichen. Mit anderen Worten: Der Bereich II wird nie Teil der Vergangenheit eines äußeren Beobachters. Man nennt II den Bereich des Schwarzen Loches. Der Bereich IV ist die zeitumgekehrte Version: Dort können zwar Signale nach außen gelangen, aber nicht von außen nach innen. Der Bereich IV wird nie Teil der Zukunft eines äußeren Beobachters. Man nennt IV den Bereich des Weißen Loches. In Abb. 26 sind auch die Zeitkoordinate t und die Radialkoordinate r zu sehen, die sich auf äußere Beobachter beziehen. Ein bestimmter Zeitpunkt t ist durch eine Ursprungsgerade gegeben, kann also die Bereiche II und IV nicht erfassen. Tatsächlich entspricht $t = konstant$ gerade der in Abb. 15 dargestellten Raumkonfiguration, wobei der obere und untere Teil der dort dargestellten »Einstein-Rosen-Brücke« gerade den Bereichen I und III entspricht. Hyperbeln entsprechen konstantem Radius r. Die Koordinate r kann auch für die Innenbereiche II und IV definiert wer-

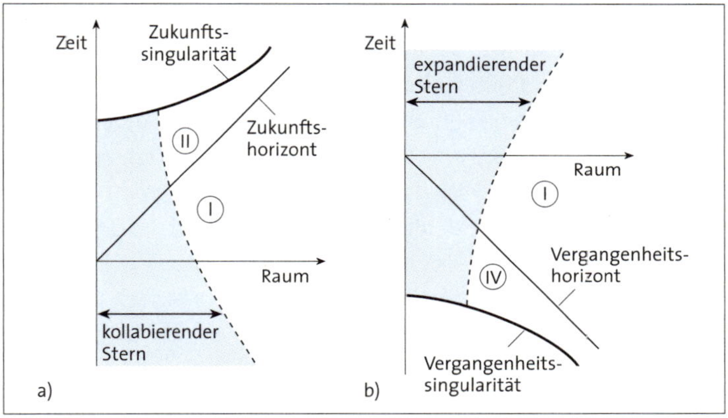

Abb. 27: Schwarzes Loch (a) und Weißes Loch (b).

den. Allerdings bezeichnet $r = konstant$ dort einen Zeitpunkt und keinen Raumpunkt. Das macht verständlich, warum es unvermeidlich ist, auf die Singularität zu treffen – die »Zeit lässt sich nicht aufhalten.« Der große Vorteil des Kruskal-Diagramms besteht darin, dass die benutzten Koordinaten im Unterschied zu t und r die gesamte Raumzeit – gegeben durch die Schwarzschild-Lösung von Kap. 2.4 – überdecken. Das ist von Bedeutung, wenn man die **Globale Struktur der Raumzeit** beschreiben will. S. 95

Bei einem Sternkollaps, wie er in Abb. 25 dargestellt ist, kommen nur die Bereiche I und II vor, da statt III und IV die Raumzeit im Stern vorhanden ist. Deshalb entsteht beim Kollaps ein Schwarzes Loch. Ein Weißes Loch entspräche einem Stern, der aus dem Ereignishorizont auftauchen und größer werden würde. Diesen umgekehrten Prozess scheint es in der Natur nicht zu geben, was mit der Irreversibilität des Weltgeschehens zu tun hat (**Zeitpfeile**). In Abb. 27 sind die beiden Situationen noch einmal miteinander verglichen. S. 113

In (a) überquert der kollabierende Stern den Ereignishorizont nach innen und erreicht die Singularität. Man spricht deshalb von Zukunftshorizont und Zukunftssingularität. Das in (b) dargestellte Weiße Loch entspricht dieser Darstellung, wie sie in einem rückwärts abgespulten Film zu sehen wäre.

Die bisher betrachtete Situation betrifft einen exakt kugelsymmetrischen Stern. In der Natur liegt die Kugelgestalt im Allgemeinen nur approximativ vor. Realistisch ist der Fall axialer Symmetrie, die bei einem rotierenden Objekt, also bei nichtverschwindendem Drehimpuls, vorliegt. Auch hierfür gibt es eine exakte Lösung der Einstein-Gleichungen, die das Schwarze Loch beschreibt, welches aus einem solchen Objekt entsteht. Zu Ehren von Roy Kerr, der diese Lösung 1963 gefunden hat, nennt man sie »Kerr-Lösung«. Für den Fall von Kugelsymmetrie geht sie in die Schwarzschild-Lösung über. Neben dem Schwarz-Loch-Bereich gibt es dort noch eine weitere interessante Region, die man als Ergosphäre bezeichnet.

Die Ergosphäre ist dadurch ausgezeichnet, dass jeder Beobachter, der sich dort aufhält, gezwungen ist, mit dem Loch zu rotieren. Das ist eine extreme Form des Thirring-Lense-Effekts, der in Kap. 3.2 diskutiert wurde (siehe Abb. 23). Das Schwarze Loch zieht den Raum in seiner Umgebung so stark mit sich, dass keine Ruhe mehr möglich ist. Wie Roger Penrose in den sechziger Jahren festgestellt hat, kann man die Anwesenheit einer Ergosphäre zur Energiegewinnung benutzen, und zwar kann man maximal 29 % der Ruhemasse des Lochs extrahieren. Die Energieprobleme auf der Erde lassen sich dadurch leider nicht lösen, da man in der Umgebung des Sonnensystems kein Schwarzes Loch zur Verfügung hat. Dieser »Penrose-Prozess« könnte aber für die gewaltigen Energienmengen verantwortlich sein, die von so genannten aktiven Galaxien ausgestoßen werden, in deren Innern man ein gigantisches Schwarzes Loch vermutet (siehe unten).

Gibt es noch weitere Lösungen der Einstein-Gleichungen, die Schwarze Löcher beschreiben? Interessanterweise konnte man mathematisch beweisen, dass Schwarze Löcher in ihrem Endzustand durch drei Parameter vollständig charakterisiert sind: Masse, Drehimpuls und elektrische Ladung. Da geladene Löcher im Universum kaum vorkommen dürften, ist die eben erwähnte Kerr-Lösung bereits die allgemeinste Lösung. Alle Löcher, die in diesen Parametern übereinstimmen, sind also völlig gleichartig. Man hat dies durch die Redeweise »Schwarze Löcher haben keine Haare« zum Ausdruck gebracht.

Kann man Schwarze Löcher beobachten? Da aus dem Inneren keine Signale entweichen können, kann dies nur über den Einfluss auf ihre Umgebung geschehen. Eine Möglichkeit besteht darin, dass ein Schwarzes Loch Teil eines Doppelsternsystems ist, bei dem der Partner ein leuchtender Stern ist. Aus der Dynamik des Systems (Anwendung des dritten Kepler'schen Gesetzes) kann die Masse des unsichtbaren Begleiters abgeschätzt werden. Liegt diese oberhalb von etwa drei Sonnenmassen, so muss es sich aus den genannten theoretischen Gründen um ein Schwarzes Loch handeln. Auf diese Weise hat man über ein Dutzend Kandidaten beobachtet, wobei der sicherste Fall das Objekt V404 Cygni ist, dessen Masse über $6M_{\odot}$ beträgt.

Neben diesen »stellaren« Schwarzen Löchern mit Massen zwischen etwa $3M_{\odot}$ und $30M_{\odot}$ hat man so genannte supermassive Schwarze Löcher beobachtet, mit Massen zwischen etwa 10^6 und 10^9 $M_{\odot}$. Diese befinden sich im Zentrum von Galaxien. Man vermutet sogar, dass sich in jeder Galaxie ein solches Loch befindet. In aktiven Galaxien, aus denen gewaltige Energiemengen in Form von Strahlen ausgesandt werden, schließt man indirekt auf die Existenz supermassiver Schwarzer Löcher, da kein anderer Mechanismus zur Erzeugung dieser Energiemengen bekannt ist. Die Abstrahlung elektromagnetischer Wellen kommt durch die Wechselwirkung mit einem Gas zusammen, das wirbelförmig in das Loch fällt (»Akkretionsscheibe«). In einem Fall ist es sogar gelungen, die beginnende Verschmelzung supermassiver Löcher zu beobachten, die bei der Kollision zweier Galaxien erfolgt. Aber auch im Zentrum unserer eigenen

Milchstraße (in 26000 Lichtjahren Entfernung von unserem Sonnensystem) befindet sich ein Schwarzes Loch, das sich nicht durch ausgestrahlte Energie zu erkennen gibt, sondern durch seinen Einfluss auf die Sterne in seiner Umgebung. Aus deren Bewegung kann man schließen, dass das Loch eine Masse von etwa $2{,}6 \cdot 10^6 M_\odot$ besitzen muss.

Schwarze Löcher könnten auch durch extreme Dichtefluktuationen im frühen Universum zustande gekommen sein, und zwar wären Massen von etwa einem Gramm an aufwärts denkbar. Bisher hat man noch keines dieser »primordialen Löcher« beobachtet. Ihre Existenz wäre von großer Bedeutung für die Beobachtung des **Hawking-Effekts**, der aus dem Zusammenwirken von Gravitation und Quantentheorie entsteht. S. 110

5 KOSMOLOGIE

5.1 Kosmologische Modelle

Die Geburtsstunde der modernen Kosmologie schlug 1917 mit Einsteins Arbeit *Kosmologische Betrachtungen zur allgemeinen Relativitätstheorie*. Dort hat er seine Theorie auf das Universum als Ganzes angewandt und dadurch neue Denkmöglichkeiten eröffnet. Wie die Erdoberfläche endlich, aber unbegrenzt ist, so könnte auch das Universum räumlich endlich sein, doch unbegrenzt. Dadurch konnten viele Schwächen der Newton'schen Kosmologie (siehe Kap. 1.3) beseitigt werden. Allerdings stellte Einstein zunächst fest, dass seine Gleichungen kein statisches Universum beschreiben. Da es 1917 keine Hinweise auf eine Entwicklung des Universums gab, führte Einstein einen zusätzlichen Term in seine Gleichungen ein – die **Kosmologische Konstante**. Damit waren statische Lösungen möglich. Nachdem man 1929 durch die Arbeiten Edwin Hubbles Hinweise auf ein expandierendes Universum erhalten hatte, empfand Einstein die kos- S. 104

mologische Konstante als überflüssig. Heute ist diese Größe aus anderen Gründen von großer Bedeutung.

Um das Universum mit den Einstein'schen Gleichungen beschreiben zu können, benötigt man Modelle. Dazu nimmt man an, dass das All auf großen Skalen ungefähr homogen ist und von jedem Punkt aus ungefähr den gleichen Anblick bietet, also isotrop ist. Natürlich gibt es im Universum sehr viele Strukturen, die dieser Annahme zu widersprechen scheinen. Unser Sonnensystem ist Teil der Milchstraße, die aus etwa hundert Milliarden Sternen besteht. Die Milchstraße wiederum ist Teil eines Galaxienhaufens mit sehr vielen Galaxien, der wiederum Teil eines Superhaufens ist. Die zweckmäßige Längeneinheit in der Kosmologie ist das Parsec (pc), welches ungefähr 3,26 Lichtjahren entspricht (1 kpc = 1000 pc, 1 Mpc = 10^6 pc). Ein Parsec ist die Entfernung von der Erde, bei welcher der Abstand Erde-Sonne unter einem Winkel von einer Bogensekunde erscheint. Die Scheibe der Milchstraße hat einen Durchmesser von etwa 30 kpc, Galaxienhaufen sind von der Größenordnung 5 Mpc, Superhaufen von der Größenordnung 50 Mpc. Darüber scheinen sich diese Strukturen bis an die Grenze des beobachtbaren Universums, die bei etwa 3000 Mpc liegt, zu wiederholen. Mittelt man also über Abstände von mehr als 100 Mpc, so kann man tatsächlich von approximativer Homogenität des Universums sprechen.

Wie sieht es mit der Isotropie aus? Im Jahre 1965 hat man im Mikrowellenbereich eine Strahlung entdeckt, die hochgradig isotrop ist und von thermischer Natur. Ihre Temperatur beträgt etwa drei Kelvin. Diese »kosmische Hintergrundstrahlung« interpretiert man als Überbleibsel aus einer frühen Phase des Universums (siehe Kap. 5.2). Seit 1992 (Beobachtungen durch den COBE-Satelliten) weiß man, dass die Abweichungen von der Isotropie etwa von der Größenordnung 10^{-5} sind. Zudem bietet das Universum in jede Richtung ungefähr den gleichen Anblick. Daraus folgt freilich noch nicht, dass das Universum von jedem Punkt aus isotrop ist. Man benötigt deshalb eine Annahme, die man als kosmologisches oder kopernikanisches Prinzip bezeichnet. Dieses Prinzip besagt, dass Erde und Sonnensystem keinen privilegierten Platz im Universum einnehmen. Besteht Isotropie in Bezug auf uns, so sollte also Isotropie in Bezug auf jeden Ort im Universum gelten. Mathematisch folgt daraus dann sogar die Homogenität. Homogene und isotrope Räume kann man mathematisch in drei Klassen einteilen, die durch die Zahlen $k=0$, $k=1$ und $k=-1$ charakterisiert sind, wobei die Räume konstante Krümmung haben. Abb. 28 zeigt Analogien in zwei statt drei Dimensionen.

Die Räume mit $k=0$ sind flach (euklidisch) und können durch eine Ebene veranschaulicht werden. Der Fall $k=1$ entspricht positiver Krümmung (Kugeloberfläche), der Fall $k=-1$ negativer Krümmung (»Satteloberfläche«). Während die Kugeloberfläche endlich ist, sind Ebene und Sattel von unendlicher Ausdehnung. Charakterisiert werden diese Räume durch einen Parameter R, den man als Skalenfaktor oder Radius des Universums bezeichnet. Der Begriff Radius ist irreführend, da er nur im Falle der Kugeloberfläche etwas mit dem tatsächlichen Radius zu tun hat; in den anderen Fällen ist der Raum ja unendlich groß. Tatsächlich gibt R den typischen Abstand zwischen Galaxien an, die man sich an einem festen Punkt des Raumes angeheftet denken kann. Entwickelt sich das Universum in der Zeit, so hängt R von t ab, und man schreibt $R(t)$. Dann expandiert bzw. kontrahiert der ganze Raum und mit ihm die Galaxien. Im Falle der Kugeloberfläche wird dies gerne durch einen aufgeblasenen Luftballon demonstriert.

Es muss allerdings betont werden, dass die globale Struktur der Raumzeit (die »Topologie«) durch die Forderung nach konstanter Krümmung noch nicht festgelegt wird. Ebene, Kugeloberfläche und Sattel (bzw. deren dreidimensionale Verallgemeinerung) sind nur die einfachsten Möglichkeiten. Allerdings geben sie bei hinreichend kleinen Abständen die geometrischen Verhältnisse wieder. In zwei Dimensionen gibt es neben der Ebene noch andere Flächen, die keine

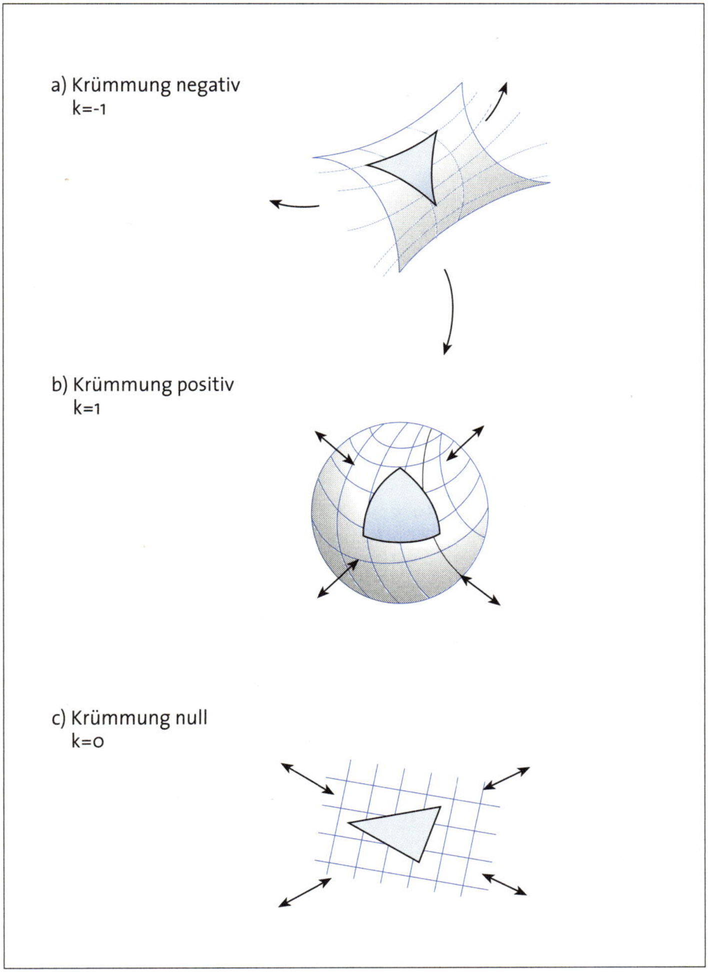

Abb. 28: Räume konstanter Krümmung in zwei Dimensionen

intrinsische Krümmung aufweisen, beispielsweise Zylinder, Torus oder Möbius-Band. Die Krümmung, die durch die Einbettung in einen Anschauungsraum zustande kommt, hat damit nichts zu tun; sie ist von der Fläche aus nicht feststellbar. Analog gibt es auch im dreidimensionalen Fall für jeden Wert von k solche zusätzlichen Möglichkeiten. Die Beobachtung bietet derzeit keinen Anhaltspunkt dafür, dass eine kompliziertere Form der Topologie als in Abb. 28 vorliegt.

Da man in der Kosmologie über riesige Abstände mittelt, kann man sich die Galaxien wie Flüssigkeitsteilchen vorstellen, die mit dem Universum expandieren. Weil diese kaum miteinander wechselwirken, üben sie keinen Druck aus und werden vollständig durch ihre Dichte ρ charakterisiert. Da die Gesamtmasse der Galaxien ungefähr erhalten bleibt, nimmt die Dichte umgekehrt zum Volumen des Raumes ab, also $\rho \propto R^{-3}$. Auf die Strahlung, die das Universum erfüllt und die wir heute als Hintergrundstrahlung mit $T \approx 3$ K beobachten, trifft dies nicht zu. Zusätzlich zur Verdünnung durch die Expansion tritt noch die gravitative Rotverschiebung (siehe Kap. 2.2) in Erscheinung. Sie zieht die Wellenlänge auseinander und verringert die Energie dadurch um einen zusätzlichen Faktor R; für Strahlung gilt also $\rho \propto R^{-4}$.

Jedes elektromagnetische Signal, das uns aus den Tiefen des Alls erreicht, erleidet eine Rotverschiebung, da sich das Universum während seiner Fortpflanzung ausdehnt. Das lässt sich an der Verschiebung der Spektrallinien ablesen, die das Licht von Galaxien und Quasaren aufweist. Durch diesen Effekt wurde die Expansion des Universums 1929 überhaupt erst entdeckt. Die relative Rotverschiebung wird durch den Faktor $z = \Delta\lambda/\lambda$ beschrieben (vgl. [12]). Wird das Lichtsignal zur Zeit t_s z. B. von einer Galaxie ausgesandt, so gilt der Zusammenhang

$$1 + z = \frac{R_0}{R(t_s)}, \qquad (28)$$

wobei R_0 den Radius des heutigen Universums bezeichnet. Die höchsten Rotverschiebungen, die man heute beobachtet, liegen etwa bei

$z = 6$ (ferne Galaxien und Quasare). Das entsprechende Licht wurde also zu einem Zeitpunkt ausgesandt, als das Universum nur ein siebtel so groß war wie heute. Für kleine Rotverschiebungen gilt die folgende Beziehung zwischen Rotverschiebung und Entfernung d des emittierenden Objekts:

$$cz = dH_0 \, , \qquad (29)$$

wobei man H_0 als Hubble-Konstante bezeichnet. In diesem Grenzfall lässt sich die Rotverschiebung als normaler Doppler-Effekt interpretieren. Für kleine Geschwindigkeiten v hat man nämlich $z \approx v/c$, und [29] besagt dann, dass man dem Objekt eine Geschwindigkeit zuordnen kann, mit der es sich von uns entfernt, und welche die Rotverschiebung verursacht. Diese Geschwindigkeit ist proportional zur Entfernung. Es muss allerdings betont werden, dass diese Geschwindigkeiten eine Eigenschaft des Raums und nicht der einzelnen Galaxien sind.

Für etwas größere Rotverschiebungen muss man in [29] eine Korrektur anbringen, die durch einen weiteren Parameter q_0 beschrieben wird:

$$\frac{dH_0}{c} = z + \frac{1}{2}(1 - q_0)z^2 + \ldots \, . \qquad (30)$$

Ist $q_0 > 0$, so expandiert das Universum verzögert; für $q_0 < 0$ expandiert es beschleunigt. Man bezeichnet q_0 deshalb auch als Verzögerungsparameter. Interessanterweise hat man durch Beobachtungen von Supernovae herausgefunden, dass $q_0 < 0$ ist, das Universum also beschleunigt expandiert.

Aus [29] erkennt man, dass die Hubble-Konstante die Dimension einer Geschwindigkeit dividiert durch einen Abstand besitzt. In der Astronomie hat sich eingebürgert, H_0 in Kilometer pro Sekunde und Megaparsec (km/(sMpc)) anzugeben. Man schreibt üblicherweise

$$H_0 = 100h \frac{km}{sMpc} \, , \qquad (31)$$

wobei h eine dimensionslose Zahl ist, die man aus der Beobachtung bestimmen muss. Ganz sicher gilt $0{,}5 < h < 1$; neuere Beobachtungen weisen auf $h \approx 2/3$ hin.

Aus [29] lässt sich grob eine Schätzung für das Alter des Universums bestimmen. Da sich alle nicht zu nahen Objekte von uns zu entfernen scheinen, müssen sie in der Vergangenheit sehr nahe beieinander gewesen sein (»Urknall«). Das muss vor einer Zeit $d/v \approx H_0^{-1}$ geschehen sein, die also ungefähr gleich dem Inversen der Hubble-Konstante ist. Dies liefert

$$H_0^{-1} \approx h^{-1} \times 10^{10}\ \textit{Jahre}. \qquad (32)$$

Für $h \approx 2/3$ ergibt das etwa 15 Milliarden Jahre für das Alter des Universums. Genauere Berechnungen liegen nur unwesentlich darunter. Eine ungefähre Vorstellung von der Ausdehnung des Universums bekommt man, wenn man die Strecke betrachtet, die das Licht in dieser Zeit zurücklegt. Man erhält

$$cH_0^{-1} \approx 3000 h^{-1} Mpc\ . \qquad (33)$$

Für $h \approx 2/3$ hat das beobachtbare Universum also eine Ausdehnung von etwa 4500 Mpc.

Alexander Friedmann (1888–1925) hat 1922 und 1924 als Erster Lösungen der Einstein-Gleichungen betrachtet, die ein homogenes und isotropes Universum beschreiben, welches entweder expandiert und rekollabiert oder für immer expandiert. Man bezeichnet die Gleichungen in diesem Spezialfall ihm zu Ehren als »Friedmann-Gleichungen«. Georges Lemaître (1894–1966) hat dies mit den beobachteten Rotverschiebungen in Verbindung gebracht und diese Lösungen dadurch auf unser Universum angewandt. Er ging von einem sehr dichten Anfangszustand des Universums aus und wird deshalb gelegentlich als Vater der Urknalltheorie bezeichnet. Mit Hilfe der Friedmann-Gleichungen gelingt es, das Vorzeichen von k und damit die Geometrie des Raums mit der Materiedichte im Universum zu verknüpfen.

Dazu definiert man eine »kritische Dichte« durch

$$\rho_c = \frac{3H_0^2}{8\pi G} \approx 1{,}88 \times 10^{-29} h^2 \frac{g}{cm^3} \ . \qquad (34)$$

Liegt nun die tatsächliche Materiedichte ρ unter der kritischen Dichte, $\rho < \rho_c$, so folgt $k=-1$, das Universum ist also negativ gekrümmt. Für $\rho > \rho_c$ folgt $k=1$, also positive Krümmung, und für $\rho = \rho_c$ ist $k=0$, der Raum also flach.

Durch Beobachtung der Materie im Universum kann man also dessen Geometrie auf großen Skalen bestimmen. Für verschwindende kosmologische Konstante Λ werden die Verhältnisse einfach. Die Entwicklung des Universums wird dann durch eine der drei in Abb. 29 dargestellten Kurven beschrieben. Für $k=0$ und $k=-1$ erhält man ein Universum, das ewig expandiert. Für $k=1$ hingegen expandiert das Universum vom Urknall aus, erreicht ein Maximum und rekollabiert zu einem »Endknall«.

Für $\Lambda \neq 0$ gibt es mehr Möglichkeiten. Ein wichtiges Beispiel ist in Abb. 30 dargestellt. Die dort zu sehende Lösungskurve gibt nach den derzeitigen Beobachtungen die Entwicklung des tatsächlichen Universums am besten wieder. Dies ist ein Hinweis auf eine nichtverschwindende **kosmologische Konstante**. S. 104

5.2 Die Entstehung des Universums

Das Bild vom expandierenden Universum wird wesentlich gestützt durch die beobachteten Rotverschiebungen und die Existenz der kosmischen Hintergrundstrahlung. Wir haben in Kap. 5.1 gesehen, dass die Dichte der Strahlung wesentlich schneller abnimmt als die Dichte der Materie, und zwar mit $\rho \propto R^{-4}$ statt $\rho \propto R^{-3}$. Im heutigen Universum ist die Strahlungsdichte etwa 10^4-mal kleiner als die Materiedichte – man bezeichnet das Universum als »materiedominiert«. Demnach waren sie in der Vergangenheit einmal gleich groß, zu einem Zeitpunkt, als das Universum 10^4-mal kleiner war. Nach [28]

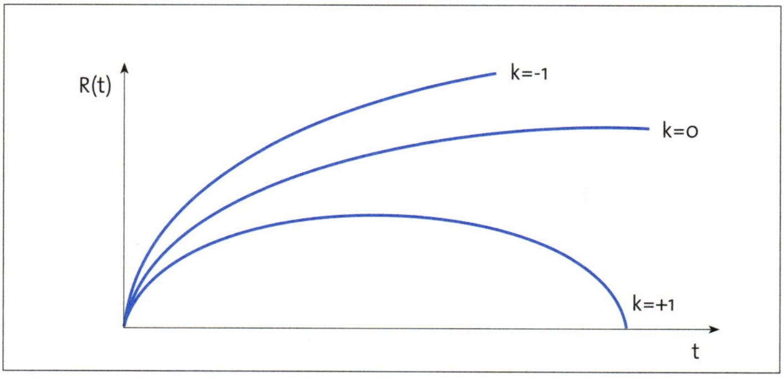

Abb. 29: Lösungskurven für $\lambda = 0$

betrug die Rotverschiebung $z \approx 10^4$. Zu früheren Zeiten überwog die Strahlung – das Universum war »strahlungsdominiert«. Unter der Annahme eines thermischen Gleichgewichts für die Strahlung kann man zeigen, dass deren Temperatur T umgekehrt proportional zum Radius ist,

$$\frac{T}{T_0} = \frac{R_0}{R} = 1 + z \, , \qquad (35)$$

wobei sich T_0 und R_0 auf das heutige Universum beziehen. In seiner Frühzeit war das Universum also sehr heiß – diese Tatsache liegt dem Bild vom »heißen Urknall« zugrunde. Aus den Friedmann-Gleichungen folgt, dass das Universum etwa 10^5 Jahre alt war, als der Übergang von der strahlungsdominierten in die materiedominierte Phase erfolgte.

Die Verbindung von Radius und Temperatur ergibt eine interessante Verquickung von Mikrophysik und Kosmologie. Atomare Prozesse, die mit einer bestimmten Energieskala (und damit Temperaturskala) verknüpft sind, können mit einer bestimmten kosmischen Epoche verbunden werden. So liegen ab einer bestimmten Temperatur Atome nicht mehr in neutraler Form vor, sondern werden ionisiert: Die Elektronen sind von den Atomkernen losgelöst, und beide befin-

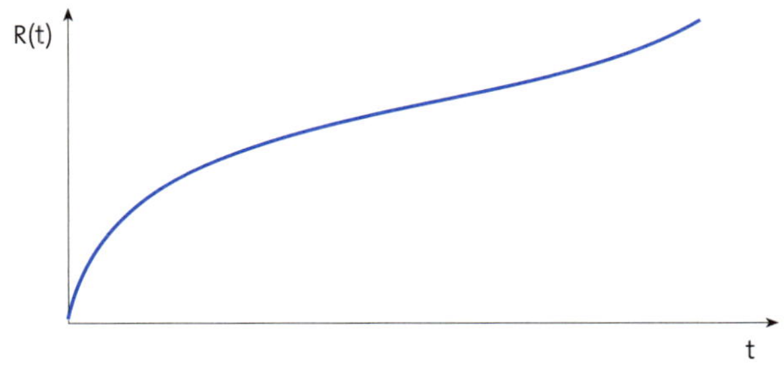

Abb. 30: Eine Lösungskurve für $\Lambda > 0$

den sich im Gleichgewicht mit der Strahlung. Diese Situation lag vor, als das Universum jünger als etwa $4 \cdot 10^5$ Jahre war. Zu diesem Zeitpunkt, der einer Rotverschiebung von $z \approx 1000$ entspricht, war das Universum soweit abgekühlt, dass sich Elektronen und Atomkerne zu neutralen Atomen zusammenfügen konnten. Etwas unglücklich spricht man hier von »Rekombination«. Danach hat sich die Strahlung von der Materie abgekoppelt und sich durch die Expansion des Universums auf den heutigen Wert von etwa 3K abgekühlt. Die Materie war sich selbst überlassen und bildete Strukturen (Galaxien, Galaxienhaufen etc.), siehe Kap. 5.3.

Die Atomkerne selbst wurden in einer sehr viel früheren Phase der Entwicklung gebildet, der so genannten »Nukleosynthese«, die abgeschlossen war, als das Universum ein Alter von etwa drei Minuten hatte. Davor hatten sich die einzelnen Protonen und Neutronen im Gleichgewicht mit der Strahlung befunden, ohne eine Bindung einzugehen. In der Nukleosynthese kam es zur Bildung der Kerne von Deuterium, Helium und Lithium. Die Protonen selbst sind die Wasserstoffkerne. Ein großer Erfolg des Urknallmodells besteht darin, die Häufigkeiten der erzeugten Elemente in Einklang mit der Beobachtung vorhersagen zu können. Insbesondere betrifft dies das Helium, dessen Anteil an der Gesamtmasse aller Baryonen etwa 24% ausmacht. Unter Baryonen versteht man hier die Bestandteile des Atomkerns, Protonen und Neutronen (allgemein sind Baryonen Teilchen, die aus drei Quarks bestehen). Schwerere Elemente als Lithium können in dieser Phase nicht erzeugt werden. Sie entstehen erst viel später durch Kernfusion in Sternen und werden bei Supernovaexplosionen in das All geschleudert. Aus diesen Sternresten können dann neue Sterne sowie Planeten und auch Lebewesen entstehen.

Auch die Baryonen selbst mussten erst einmal aus ihren Bestandteilen – jeweils drei Quarks – gebildet werden. Dies war bei einem Alter des Universums von etwa 10^{-30} Sekunden oder früher der Fall. Im Universum gibt es nur etwa 10^{-10}-mal so viele Baryonen wie Photonen. Die große offene Frage lautet, ob dies eine nicht weiter zu hinterfragende Anfangsbedingung für unsere Welt ist oder ob es einen dynamischen Mechanismus gibt, der diese kleine Zahl erzeugt. Eine prinzipielle Erklärungsmöglichkeit besteht im Rahmen von spekulativen Theorien, welche die verschiedenen Wechselwirkungen in der Natur einheitlich beschreiben. Danach lagen am Anfang Teilchen und Antiteilchen in gleicher Anzahl vor. Wäre es bei dieser Situation geblieben, so hätten sich diese bei der Abkühlung des Kosmos annihiliert, und es wäre nur Strahlung übriggeblieben. Lebende Wesen hätte es dann nicht geben können. Nach den vereinheitlichten Theorien könnte es aber einen winzigen Überschuss von Baryonen über Antibaryonen von der Größenordnung $1+10^{-10}$ gegeben haben, so dass bei der Annihilation der beobachtete kleine Anteil von Baryonen gegenüber Photonen zu erklären wäre. Die Details sind freilich noch ungeklärt.

Aussagen über noch frühere Entwicklungsstadien des Universums sind naturgemäß noch spekulativer. Ein erfolgversprechendes Modell ist das »inflationäre Universum«, wobei der Kosmos bei einem Alter von etwa 10^{-34} bis 10^{-32} Sekunden beschleunigt expandiert ist. Als Ursache vermutet man Quantenfelder einer vereinheitlichten

Theorie, welche die Effekte einer kosmologischen Konstante simulieren. Zum einen kann dieses Modell eine dynamische Erklärung für die Strukturentstehung bieten (siehe Kap. 5.3). Zum anderen führt es zu Vorhersagen, die im Einklang mit Eigenschaften der kosmischen Hintergrundstrahlung sind. Das inflationäre Modell sagt ein Universum voraus, dessen Dichte sehr nahe an der kritischen Dichte [34] liegt, also mit hoher Genauigkeit räumlich flach ist. Das wird durch die Beobachtungen bestätigt. Für die Beschreibung der vorinflationären Phase und den Anfang des Universums selbst benötigt man aller Wahrscheinlichkeit nach eine Theorie, welche Relativitätstheorie und Quantentheorie zu einer Theorie der **Quantengravitation** S. 115 vereinigt.

5.3 Die Entstehung von Strukturen

Bei der Diskussion von kosmologischen Modellen geht man von räumlicher Homogenität und Isotropie des Universums aus. Nur dann wird die Beschreibung hinreichend einfach. Natürlich kann der Kosmos nicht exakt homogen sein; andernfalls könnte keine Struktur entstehen. Eine Herausforderung besteht also darin, die Entstehung von Galaxien im Rahmen der Kosmologie zu beschreiben.

Wie bereits erwähnt, ist die kosmische Hintergrundstrahlung nicht exakt isotrop. Neben einer charakteristischen »Dipolanisotropie«, die lediglich die Bewegung des Sonnensystems gegenüber dem strahlungserfüllten Hintergrund widerspiegelt, gibt es kleine Fluktuationen in der räumlichen Verteilung der Temperatur von der Größenordnung 10^{-5}. Aus diesen kleinen Fluktuationen müssen sich die Strukturen durch gravitative Anziehung entwickelt haben. Auf den ersten Blick führt dies allerdings auf Probleme. So bleibt seit der Entkopplung der Strahlung zu wenig Zeit für die Strukturbildung, da die Fluktuationen aufgrund der Expansion des Universums nur um etwa einen Faktor 1000 wachsen würden.

Einen Ausweg bietet die so genannte dunkle Materie, die nur durch Gravitation wechselwirkt. Man weiß schon seit vielen Jahren, dass der größte Teil der Materie (über 90 %) im Universum unsichtbar ist. Tatsächlich kennt man nicht einmal die Natur der dunklen Materie. Ihre Existenz kann man nur indirekt durch den gravitativen Einfluss erschließen, den sie auf sichtbare Materie ausübt. In der Zeit zwischen dem Übergang in die materiedominierte Phase (bei $z \approx 10^4$) und der Entkopplung der Strahlung von den Baryonen (bei $z \approx 10^3$) könnte sich die dunkle Materie aus ihren Anfangsfluktuationen heraus bereits gravitativ verdichten. Nach der Freisetzung der Strahlung könnte die baryonische Materie ziemlich schnell in das Gravitationsfeld der dunklen Materie fallen und so den gravitativen Kondensationsprozess beschleunigen. Aus numerischen Simulationen weiß man, dass dann ausreichend Zeit verbleibt, um die beobachteten Strukturen zu bilden.

Woher stammen aber die Anfangsfluktuationen? Hier bietet das Szenario des inflationären Universums die bisher befriedigendste Erklärung. Nur mit Hilfe der Inflation gelingt es, die Entstehung dieser Fluktuationen auf kausale Weise beschreiben zu können. Ansonsten müsste man ihre Existenz als Anfangsbedingungen postulieren, die nicht weiter erklärt werden können. Während einer inflationären Phase können nämlich Quantenfluktuationen von Raumzeit und fundamentalen Feldern derart verstärkt werden, dass sie als klassische Fluktuationen enden, deren Größe für die Strukturbildung ausreichend ist. Jede Struktur im Universum – und auch unsere Existenz – wäre demnach der quantenmechanischen Unbestimmtheitsrelation zu verdanken.

VERTIEFUNGEN

Das Positionierungssystem GPS

Bei dem *Global Positioning System* (GPS) handelt es sich um ein von den USA betriebenes System, mit dem es möglich ist, einen Ort auf der Erde auf einen Meter genau (und genauer) zu bestimmen. Das System ist mittlerweile unverzichtbar für die Navigation von Flugzeugen und Schiffen geworden und findet Anwendung unter anderem auch in der präzisen Bestimmung der Erdkrustenbewegung (Plattentektonik). Für seinen Betrieb müssen sowohl die Spezielle als auch die Allgemeine Relativitätstheorie berücksichtigt werden; andernfalls käme es bereits innerhalb eines Tages zu Fehlweisungen größer als zehn Kilometer, was das System nutzlos machen würde. Als europäisches Pendant zum GPS soll in einigen Jahren das System GALILEO eingeführt werden.

Das GPS besteht aus 24 Satelliten, die in etwa 20 000 km Höhe um die Erde kreisen. Von jedem Punkt der Erde aus befinden sich immer mindestens vier Satelliten über dem Horizont. Die Umlaufzeit beträgt einen halben Tag, so dass jeder Beobachter einen bestimmten Satelliten zweimal am Tag an der gleichen Stelle am Himmel sieht. Die Satelliten sind mit Atomuhren ausgerüstet und senden Signale aus, die dazu dienen, Informationen über den Zeitpunkt der Aussendung und den Ort des Satelliten zu übermitteln. Das Grundprinzip ist die Konstanz der Lichtgeschwindigkeit. Empfängt ein Beobachter auf der Erde ein Signal von einem Satelliten (Abb. 31), so beträgt der Abstand D zu dem Satelliten $D=c\Delta t$, wobei Δt das Zeitintervall zwischen Aussendung und Empfang des Signals ist. Allerdings bewegen sich die Mikrowellen nicht im Vakuum, sondern in bewegter Luft unterschiedlicher Dichte und Temperatur, so dass c korrigiert werden muss.

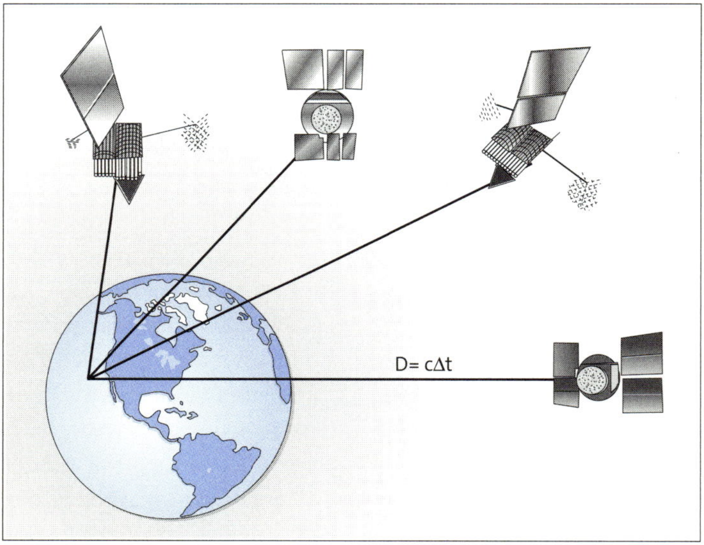

Abb. 31: Zur Funktionsweise des GPS.

Damit der Beobachter auf der Erde seinen Ort (drei Koordinaten) und seine Zeit (eine Koordinate) bestimmen kann, benötigt er die Information von mindestens vier Satelliten; sind Orte und Aussendezeiten der Satelliten bekannt, hat er vier Gleichungen für vier Unbekannte zur Verfügung und kann daraus die gewünschte Information berechnen.

Damit dies funktioniert, müssen die Uhren auf den Satelliten synchronisiert werden. Für einen Positionsfehler von einem Meter darf die Abweichung von der Synchronisation höchstens $4 \cdot 10^{-9}$ s (vier Nanosekunden) betragen. Dies ist möglich, da der relative Fehler beim Gang der Atomuhren kleiner als 10^{-13} ist. Diese Genauigkeit macht es verständlich, warum Effekte der Relativitätstheorie berücksichtigt werden müssen. Eine bewegte Uhr geht bezüglich einer ruhenden Uhr langsamer, (siehe Kap. 2.1, insbesondere Gleichung [11]).

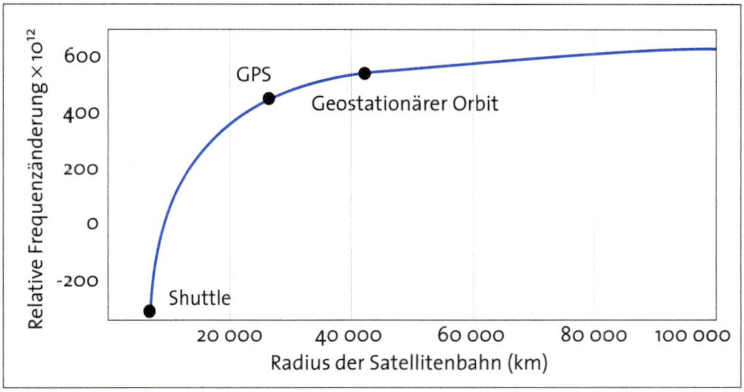

Abb. 32: Relativistische Frequenzänderung (Änderung des Uhrengangs) in Abhängigkeit vom Radius der Satellitenbahn.

Hingegen geht eine Uhr, die sich im Gravitationsfeld oberhalb einer anderen Uhr befindet, gegenüber dieser schneller (siehe Kap. 2.2 und insbesondere Gleichung [13]). Beim GPS müssen beide Effekte berücksichtigt werden. In Abb. 32 ist die relative Frequenzänderung einer Atomuhr bezüglich einer festen Uhr auf dem Erdboden in Abhängigkeit vom Radius der Bahnorbits aufgetragen, wobei angenommen ist, dass es sich um eine Kreisbahn handelt.

Man erkennt, dass für ein Shuttle, das sich auf einer niedrigen Umlaufbahn bewegt, der Geschwindigkeitseffekt der Speziellen Relativitätstheorie dominiert: Die Uhr im Shuttle geht gegenüber der Erduhr langsamer. Gravitativer Effekt und Geschwindigkeitseffekt halten sich bei einer Höhe von 9550 km die Waage. Für die GPS-Satelliten überwiegt also die gravitative Änderung des Uhrengangs.

Gravitationslinsen

Einer der klassischen Tests der Allgemeinen Relativitätstheorie betraf die Lichtablenkung am Sonnenrand, gegeben durch [17]. Diese

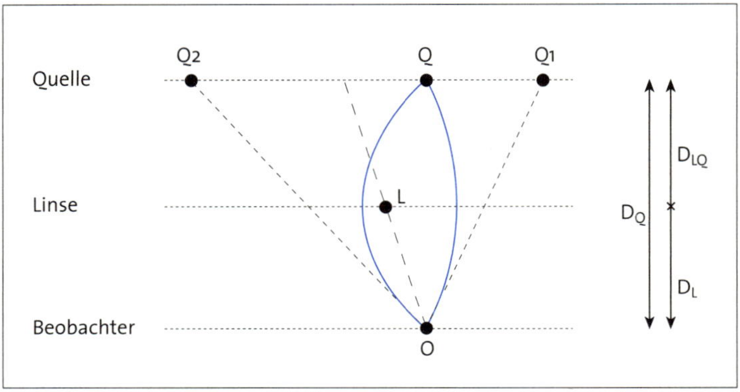

Abb. 33: Geometrie bei einer Gravitationslinse.

Ablenkungsformel gilt freilich für alle Massen. Das Gravitationsfeld wirkt wie ein Medium mit raumzeitlich veränderlichem Brechungsindex, der von der Wellenlänge unabhängig ist.

Im Sonnensystem besitzen die meisten Körper außer der Sonne eine zu geringe Masse, um den Nachweis der Lichtablenkung zu ermöglichen. Der Astronom Fritz Zwicky vermutete aber schon in den dreißiger Jahren, dass eine Galaxie als »Gravitationslinse« auf eine dahinter stehende Galaxie wirken könnte und durch die von ihr bewirkte Lichtablenkung Mehrfachbilder hervorrufen sollte. Die erste Entdeckung einer Gravitationslinse erfolgte erst 1979 durch Walsh, Carswell und Weymann. Man beobachtete ein Paar von Quasaren, das am Himmel sechs Bogensekunden voneinander getrennt war. Beide Objekte wiesen dieselbe Rotverschiebung auf und hatten ähnliche Spektren. Es wurde bald klar, dass es sich um zwei Bilder von ein und demselben Quasar handeln musste. Als »Linse« entpuppte sich eine Galaxie, die etwa eine Bogensekunde von einem der beiden Bilder entfernt war; das ist so nahe, dass man das Bild quasi durch den Halo (= Hof, Umgebung) der Linse sieht. Inzwischen kennt man einige Dutzend dieser Mehrfachbilder.

Die geometrischen Verhältnisse bei einer Gravitationslinse sind in Abb. 33 dargestellt.

Ein spezieller Fall liegt vor, wenn die Quelle direkt hinter der Linse steht. Wegen der Symmetrie gibt es dann eine Ringstruktur, den so genannten »Einstein-Ring«. Der Winkelradius des Rings ist durch den Ausdruck

$$\alpha_E = \sqrt{\frac{4GM}{c^2} \frac{D_{LQ}}{D_L D_Q}} \qquad (36)$$

gegeben, worin D_{LQ} den Abstand Linse-Quelle, D_L den Abstand Erde-Linse und D_Q den Abstand Erde-Quelle bedeuten (Abb. 33). Hat die Linse beispielsweise die zehnfache Masse der Milchstraße, also 10^{12} $M_\odot$, dann folgt bei einer Rotverschiebung der Linse von $z_L = 0{,}5$ und einer Rotverschiebung der Quelle von $z_Q = 2{,}0$ ein Winkel von etwa 1,8 Bogensekunden (aus den Rotverschiebungen lassen sich die Abstände errechnen, vgl. [30]). Heute kennt man mehr als fünf Kandidaten für Einstein-Ringe, die alle im Radiobereich entdeckt wurden, zum Teil aber auch im optischen oder infraroten Bereich gesehen werden können.

Einen ähnlichen Ursprung haben die großen leuchtenden Bögen, die entstehen, wenn die Linse ein ganzer Galaxienhaufen und die Quelle eine dahinter liegende Galaxie sind. Bei einer Linsenmasse von $10^{14} M_\odot$ erhält man einen Winkel für den Einstein-Ring von immerhin etwa zwanzig Bogensekunden. Es liegen allerdings im Allgemeinen keine vollständigen Ringe vor, da Galaxienhaufen nicht sphärisch-symmetrisch sind und die Ausrichtung Quelle-Linse-Beobachter nicht perfekt ist.

Durch den Gravitationslinseneffekt kann es auch zu einer scheinbaren Verzerrung der Galaxienform kommen. Da Galaxien im Allgemeinen schon von vornherein keine kugelsymmetrische Form aufweisen, kann dies nur statistisch erfasst werden, indem man viele Galaxien im Hintergrund eines Galaxienhaufens untersucht. Dadurch erhofft man sich, Aufschluss über die dunkle Materie im Uni-

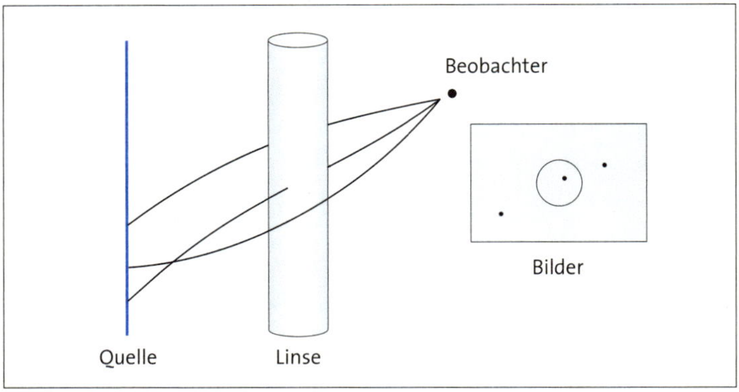

Abb. 34: Raumzeitdiagramm für eine Gravitationslinse

versum zu erhalten, da diese ja nur durch ihren gravitativen Einfluss zu erkennen ist. Im Allgemeinen kommt es durch den Linseneffekt auch zu einer Helligkeitsveränderung der Quelle.

Statt des rein räumlichen Diagramms in Abb. 33 ist es instruktiv, auch ein raumzeitliches Diagramm zu betrachten (Abb. 34). Eingezeichnet sind dort die Geodätischen für die Lichtstrahlen, die gleichzeitig beim Beobachter eintreffen, die Quelle aber zu unterschiedlichen Zeiten verlassen haben. In dem Beispiel sind drei Bilder zu sehen, wovon eines freilich hinter der Linse steht und nur bei durchsichtiger Linse zu sehen ist. Man kann allgemein beweisen, dass eine durchsichtige Linse immer eine ungerade Anzahl (oder unendlich viele) Bilder erzeugt. Der Fall »unendlich« trifft auf die Ringe und Bögen zu.

Der Gravitationslinseneffekt lässt sich auch benutzen, um die Hubble-Konstante (siehe Kap. 5.1) zu bestimmen. Kommt es nämlich in der Quelle zu konkreten Helligkeitsveränderungen, so treffen diese Veränderungen beim Beobachter zu unterschiedlichen Zeiten ein. Die Zeitverzögerung entspricht dem Unterschied zwischen den Laufzeiten entlang der Geodätischen, auf denen sich die Lichtstrahlen ausbreiten. Bei dem 1979 entdeckten Doppelquasar beträgt die Laufzeitverzögerung etwa 420 Tage. Damit kann man aber die absolute Entfernung zur Linse bestimmen (aus der Geometrie von Abb. 33 folgen nur die korrekten Winkelverhältnisse, nicht die absolute Entfernung). Zusammen mit der Rotverschiebung der Linse kann man aus [29] dann den Hubble-Parameter, also die Expansionsrate des Universums, errechnen. Unsicherheiten kommen ins Spiel, weil die Massenverteilung in der Linse nicht genau bekannt ist. Die Resultate sind konsistent mit dem in Kap. 5.1 zitierten Wert von $h \approx 2/3$.

Ein weiteres Anwendungsgebiet betrifft die Suche nach MACHOs (*MAssive Compact Halo Objects*). Darunter versteht man kompakte Objekte im Halo der Milchstraße (und anderer Galaxien), die nicht direkt sichtbar sind und zur dunklen Materie beitragen. Es kann sich etwa um Braune Zwerge, Neutronensterne oder Schwarze Löcher handeln. Betrachtet man etwa die Sterne in der 170 000 Lichtjahre entfernten Magellan'schen Wolke, so kann es ab und zu vorkommen, dass sich ein MACHO vor einen dieser Sterne schiebt. Beobachtbar ist dann allerdings nicht die Lichtablenkung, sondern eine kurzzeitige Helligkeitsveränderung des Sterns. Da die Wahrscheinlichkeit für ein solches Ereignis sehr gering ist, müssen Millionen von Sternen überwacht werden. Man hat einige Ereignisse gefunden, die von MACHOs mit etwa einer halben Sonnenmasse hervorgerufen werden könnten, doch sind die Details noch umstritten. Dieses so genannte *Microlensing* will man auch dazu benutzen, um erdähnliche Planeten aufzuspüren, die um andere Sterne kreisen.

Globale Struktur der Raumzeit

Gravitation ist Ausdruck der Geometrie von Raum und Zeit. Diese wird lokal beschrieben durch die Einstein'schen Feldgleichungen (siehe Kap. 2.3). Interessant ist aber auch die Untersuchung der Raumzeit als Ganzes – ihre globale Struktur. Man denke etwa an die

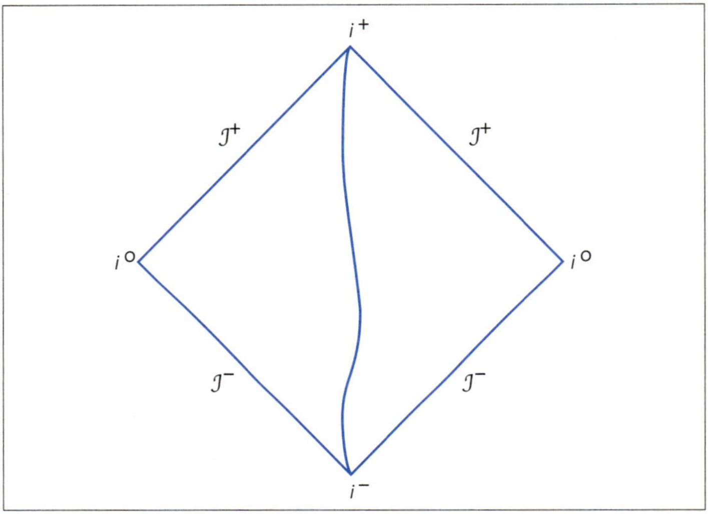

Abb. 35: Penrose-Diagramm des Minkowski-Raums

Raumzeit bei Anwesenheit Schwarzer Löcher (siehe Kap. 4.2) oder an die Geometrie des Universums auf großen Skalen (siehe Kap. 5.1). Eine nützliche Methode beruht auf den nach Roger Penrose benannten Penrose-Diagrammen. Durch einen mathematischen Trick bildet man die gesamte Raumzeit (genauer: einen zweidimensionalen Querschnitt) auf einen endlichen Bereich ab, der sich bequem auf der Papierebene darstellen lässt.

Man betrachte hierzu als einfachstes Beispiel den Minkowski-Raum der Speziellen Relativitätstheorie (siehe Kap. 2.1). Das entsprechende Penrose-Diagramm ist in Abb. 35 dargestellt. Zeitartige Geodätische, auf denen sich Beobachter bewegen können, starten alle im Punkt i^- (ferne Vergangenheit) und enden im Punkt i^+ (ferne Zukunft). Hingegen starten alle Lichstrahlen im Bereich J^- (ferne Vergangenheit) und enden im Bereich J^+ (ferne Zukunft); die Aussprache des Symbols J ist »scrai«. Penrose-Diagramme gestatten es insbesondere, asymptotische Bereiche (große Zeiten, große Abstände) zu untersuchen.

Das Penrose-Diagramm für die Schwarzschild-Lösung ist in Abb. 36 dargestellt. Es ist das Pendant zu dem in Abb. 26 zu sehenden Kruskal-Diagramm. Der Unterschied zu Abb. 26 besteht im Wesentlichen darin, dass die unendlichen Bereiche ins Endliche gerückt wurden. In allgemeineren Situationen, etwa um ein rotierendes Schwarzes Loch zu studieren, gewinnt man eine Übersicht über die raumzeitlichen Verhältnisse nur durch Penrose-Diagramme. In allen Fällen bewegen sich Lichtstrahlen immer auf Geraden, die um 45° gegenüber den Achsen geneigt sind. Dadurch werden die kausalen Verhältnisse leicht fassbar, da sich Information nur innerhalb des durch die Lichtstrahlen gebildeten Lichtkegels ausbreiten kann.

Von ganz besonderem Interesse sind das Auftreten von Singularitäten und Horizonten. Ein Horizont trennt einen Bereich der Raumzeit ab, von dem kein kausaler Einfluss nach außen gelangen kann bzw. der von außen nicht kausal beeinflusst werden kann. In Abb. 36 sind das die Bereiche II (Schwarzes Loch, kein Einfluss nach außen) und IV (Weißes Loch, kein Einfluss nach innen). In diesen Bereichen liegt jeweils eine Singularität mit unendlich großer Krümmung der Raumzeit. Allgemein nennt man eine Raumzeit singulär, wenn sie bezüglich Geodätischen, auf denen Beobachter oder Lichtstrahlen laufen, unvollständig ist und die Raumzeit nicht Teil einer größeren Raumzeit ist. Das bedeutet, dass es für Beobachter oder Licht einen Anfang oder ein Ende gibt. Bei den Singularitäten kann, aber muss es sich nicht um Bereiche unendlicher Krümmung handeln, obwohl dies auf viele physikalisch interessante Singularitäten zutrifft (beispielsweise Schwarze Löcher, Urknall). In gewissem Sinne ist das Auftreten von Singularitäten ein Hinweis darauf, dass die Allgemeine Relativitätstheorie dort nicht mehr gültig ist und durch eine allgemeinere Theorie, vermutlich eine Theorie der **Quantengravitation**, ersetzt werden muss. S. 115

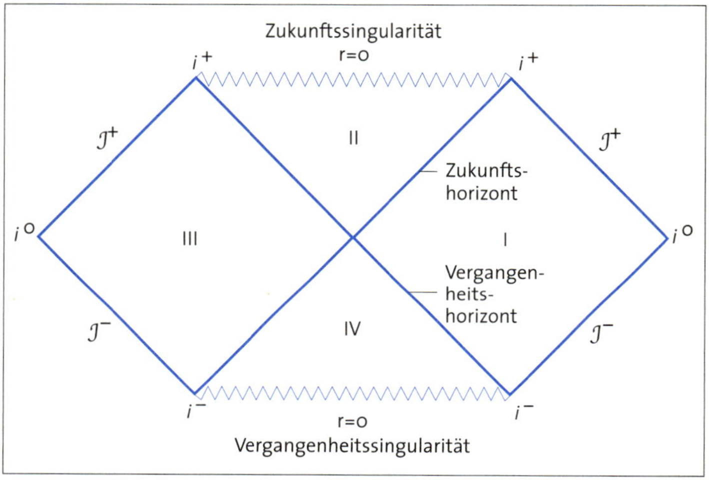

Abb. 36: Penrose-Diagramm für die Schwarzschild-Lösung.

Bei der in Abb. 36 dargestellten Schwarzschild-Lösung sind die Singularitäten hinter Horizonten verborgen, können also von außen nicht gesehen werden. Es besteht die Vermutung, dass bei jedem realistischen Kollaps auf ein Schwarzes Loch (unabhängig von den Symmetrieeigenschaften des Kollapses) ein Horizont entsteht. Man spricht auch von dem Prinzip der »kosmischen Zensur«, ausgedrück in der Form: »Die Natur verabscheut nackte (sichtbare) Singularitäten.« Ein allgemeiner Beweis für die Gültigkeit der kosmischen Zensur steht noch aus.

Stephen Hawking und Roger Penrose benutzten in den sechziger Jahren spezielle mathematische Methoden der Geometrie und Topologie, um zu beweisen, dass unter ganz allgemeinen Bedingungen das Auftreten von Singularitäten unausweichlich ist (Singularitätentheoreme). Damit konnten sie zeigen, dass Singularitäten nicht nur spezielle Eigenschaften hochsymmetrischer Lösungen (wie z.B. des Friedmann-Universums) sind, sondern eine grundlegende Eigenschaft der Allgemeinen Relativitätstheorie. Insbesondere konnten sie damit beweisen, dass das Universum tatsächlich einen Anfang hatte.

Gravitation und Eichtheorie

Gravitation wird durch die Metrik beschrieben (siehe Kap. 2.2), aus welcher sich der Abstand zwischen zwei Punkten berechnen lässt. Auf einem gekrümmten Raum hängt die Richtung eines parallelverschobenen Zeigers von dem durchlaufenen Weg ab (Abb. 14). Hingegen bleibt seine Länge dabei unverändert: Maßstäbe und Uhren können um einen geschlossenen Weg herum transportiert werden, ohne dass sich Längen- und Zeiteinheiten ändern. Für den Mathematiker Hermann Weyl (1885–1955) stellte diese Tatsache noch ein Element einer Fernwirkungstheorie dar, welches in einer fundamentalen Theorie nichts zu suchen habe.

Er schlug deshalb 1918 eine Verallgemeinerung der Allgemeinen Relativitätstheorie vor, in der sich auch die Länge des parallelverschobenen Zeigers ändert. In der »Weyl'schen Geometrie« wird verlangt, dass sich die Länge bei einer Verpflanzung von einem Punkt in einen benachbarten Punkt um einen Betrag ändert, der zu der Länge proportional ist. Der Proportionalitätsfaktor wird dabei durch eine Größe gegeben, die ähnliche Eigenschaften aufweist wie das aus der Elektrodynamik bekannte »Viererpotential«, aus welchem sich elektrische und magnetische Feldstärke berechnen lassen. Dieses Viererpotential (mathematisch spricht man von einem »Zusammenhang«) ist nicht eindeutig festgelegt, sondern kann in einem gewissen Rahmen abgeändert (»umgeeicht«) werden, ohne die Feldstärken zu ändern. In Weyls Theorie kann diese Umeichung durch eine Rekalibrierung der Metrik (eine Streckung und Stauchung der Maßstäbe) aufgefangen werden. Dies ist ein Beispiel einer so genannten Eichtheorie.

Weyls Theorie liefert eine einheitliche Beschreibung von Gravitation und Elektromagnetismus. Leider steht sie in Widerspruch zur Erfahrung, worauf Einstein sofort hingewiesen hatte: Beispielsweise können die Spektrallinien von Atomen mit ihren wohldefinierten Frequenzen als Standard für Uhren gelten. Wäre dieser Standard von dem vom Atom durchlaufenen Weg abhängig, so würden die Frequenzen von der Vorgeschichte des Atoms abhängen – was aber nicht beobachtet wird.

Tatsächlich entfaltet das Eichprinzip seine volle Kraft erst in der Quantentheorie. Statt der Metrik wird dort die Wellenfunktion Ψ umkalibriert, wobei die Umeichung aber nur deren Phase ändert, nicht den Betrag. (Dass diese Phase wegabhängig ist, kann man experimentell durch den so genannten Aharonov-Bohm-Effekt feststellen.) Weyl selbst schreibt 1929: »Es scheint mir darum dieses nicht aus der Spekulation, sondern aus der Erfahrung stammende neue Prinzip der Eichinvarianz zwingend darauf hinzuweisen, dass das elektrische Feld ein notwendiges Begleitphänomen nicht des Gravitationsfeldes, sondern des materiellen, durch Ψ dargestellten Wellenfeldes ist.« Die Forderung, dass die Wellenfunktion an jedem Punkt umgeeicht werden kann, bringt nämlich den Elektromagnetismus *zwingend* ins Spiel. In gewissem Sinne ist er eine Konsequenz des Eichprinzips. Die an das Eichfeld gekoppelte elektrische Ladung ist automatisch erhalten.

Neben dem Elektromagnetismus werden auch schwache und starke Wechselwirkung sehr erfolgreich durch Eichtheorien beschrieben. Die schwache Wechselwirkung ist beispielsweise für die Radioaktivität verantwortlich, während die starke Wechselwirkung die Kräfte im Atomkern beschreibt. Das Eichprinzip liefert ein Leitprinzip, mit dem sich verschiedene Wechselwirkungen zu einer einheitlichen Beschreibung zusammenfassen lassen. Gelungen ist das bisher in der Vereinigung von elektromagnetischer und schwacher Wechselwirkung zur »elektroschwachen« Wechselwirkung.

Von Weyls Versuch von 1918 inspiriert, unterbreitete der Mathematiker Theodor Kaluza im darauf folgenden Jahr einen eigenen Vorschlag zur Vereinigung von Gravitation und Elektromagnetismus, der später von Oskar Klein weiter ausgeführt wurde: Formuliert man die Allgemeine Relativitätstheorie in fünf statt vier Raumzeitdimensionen, so ergeben sich in vier Dimensionen effektiv die übliche Relativitätstheorie *plus* Elektromagnetismus. Letzterer wäre dann nur Ausdruck einer weiteren Raumzeitdimension, die freilich zu klein ist, um direkt wahrgenommen zu werden. Auch wenn sich Kaluzas Vorschlag in dieser Form nicht durchgesetzt hat, spielen »Kaluza-Klein-Theorien« bei der Formulierung von modernen Vereinheitlichungsbestrebungen eine große Rolle. Beispielsweise geht die Stringtheorie (siehe **Quantengravitation**) davon aus, dass unsere Welt mehr als vier Dimensionen besitzt. S. 115

Eine interessante Frage ist, ob die Allgemeine Relativitätstheorie selbst als Eichtheorie aufgefasst werden kann. Traditionell benutzt man im Formalismus dieser Theorie eine Metrik (Abstandsfunktion), ausgedrückt in bestimmten, aber beliebigen Koordinaten (siehe Kap. 2.2). Alternativ kann man zur Beschreibung lokale Achsenkreuze benutzen, die in jedem Punkt beliebig gewählt werden dürfen; man spricht von Vierbeinen oder Tetraden. Die übliche Wahl ist ein orthogonales Vierbein mit auf eins normierter Länge der einzelnen Beine. Die Metrik lässt sich aus den als orthogonal deklarierten Vierbeinen berechnen. Will man quantenmechanische Wellenfelder mit Spin in den Formalismus einbeziehen, so ist man sogar *gezwungen*, mit Vierbeinen zu arbeiten. Die Metrik ändert sich nicht, wenn man die Vierbeine lokal einer Translation oder einer Lorentz-Transformation unterwirft; dies entspricht gerade einer Umeichung. Als Konsequenz ergibt sich aber bei diesem Zugang neben der Krümmung ein neues Element der Raumzeit, das in der Allgemeinen Relativitätstheorie verschwindet – die Torsion (Windung). Als Quelle der Torsion kann der Spin von Elementarteilchen fungieren. Die sich durch diesen

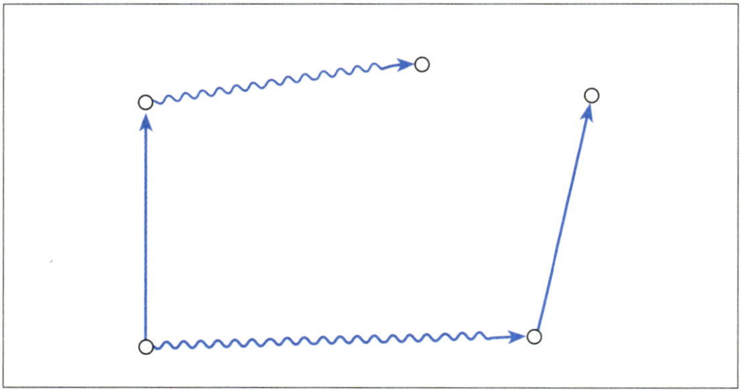

Abb. 37: Zur Torsion

Eichzugang ergebende Theorie der Gravitation heißt wegen der Beiträge des französischen Mathematikers Elie Cartan auch »Einstein-Cartan-Theorie«; sie ist die naheliegendste Verallgemeinerung der Allgemeinen Relativitätstheorie, von der sie sich für spinlose Materie und für das elektromagnetische Feld nicht unterscheidet. Bei nichtverschwindender Torsion würden kleine Parallelogramme nicht mehr schließen, sondern an einer Ecke eine Lücke aufweisen (Abb. 37). Parallelogramme sind hier definiert als Gebilde aus wechselseitig parallelverschobenen kleinen Strecken.

Torsion konnte experimentell bisher nicht nachgewiesen werden. Da sie vom Spin herrühren kann, sind mögliche Effekte freilich winzig klein. Vermutlich spielt sie eine Rolle in vereinheitlichten Theorien.

Das Mach'sche Prinzip

In Newtons Physik spielte der Begriff des absoluten Raumes eine wichtige Rolle, dessen Existenz Newton durch sein Eimerexperiment glaubte nachweisen zu können. Dagegen wandte sich der österreichische Physiker Ernst Mach in seinem Buch *Die Mechanik in ihrer Entwicklung – historisch-kritisch dargestellt* (1897). Er schreibt dort: »Der Versuch Newtons mit dem rotierenden Wassergefäß lehrt nur, dass die Relativdrehung des Wassers gegen die *Gefäßwände* keine merklichen Zentrifugalkräfte weckt, dass dieselben aber durch die Relativdrehung gegen die Masse der Erde und die übrigen Himmelskörper geweckt werden. Niemand kann sagen, wie der Versuch verlaufen würde, wenn die Gefäßwände immer dicker und massiger, zuletzt mehrere Meilen dick würden.« Trägheitskräfte sollen also nach dieser Vorstellung nicht durch Beschleunigung gegenüber dem absoluten Raum, sondern gegenüber den Hintergrundmassen im Universum zustande kommen. Das ist, was Einstein unter dem »Mach'schen Prinzip« versteht (etwas allgemeiner bezeichnet man damit das Bestreben, unbeobachtbare Elemente aus einer Theorie zu eliminieren). Nach seinen eigenen Aussagen hat dieses Prinzip bei der Aufstellung der Allgemeinen Relativitätstheorie eine erhebliche Rolle gespielt.

Ist dieses Prinzip tatsächlich in Einsteins Theorie implementiert? Nach dem Äquivalenzprinzip sind Gravitation und Trägheit in einem Formalismus vereinigt, sie sind »wesensgleich« (Einstein) und werden durch die Metrik der Raumzeit beschrieben. Einstein dachte ursprünglich, dass sich die Metrik gemäß dem Mach'schen Prinzip auf eindeutige Weise aus Energie und Impuls der Materie im Universum gewinnen lasse. Wie er aber selbst bald bemerkt hat, ist diese Annahme falsch. Die Metrik ist zur Beschreibung der Materie notwendig und deswegen durch die Materie selbst nicht festlegbar. Das Mach'sche Prinzip ist zu sehr dem Geiste einer Fernwirkungstheorie verhaftet, als dass es sich mit der Allgemeinen Relativitätstheorie als Nahwirkungstheorie problemlos vertragen könnte. Materie und Metrik bestimmen sich gegenseitig auf komplizierte dynamische Weise. Man spricht deswegen statt vom Mach'schen Prinzip lieber von »Mach'schen Effekten«: Dort geht es nicht mehr um eine Bestimmung lokaler Inertialsysteme durch weit entfernte Massen, sondern nur noch um deren Beeinflussung. So handelt es sich bei dem Thirring-Lense-Effekt, der lokalen Beeinflussung von Inertialsystemen, die durch eine rotierende Masse hervorgerufen wird, um einen solchen Machschen Effekt (siehe Kap. 3.2).

Genau genommen wird die Trägheit durch eine Größe bestimmt, die lokal durch die Metrik festgelegt ist und die man zuweilen als »Führungsfeld« bezeichnet (mathematisch handelt es sich um einen Zusammenhang analog zu Eichfeldern). Dieses Führungsfeld ist beispielsweise direkt dafür verantwortlich, dass die Parallelverschiebung eines Zeigers vom Weg abhängt (Abb. 14). Durch Übergang zu einem frei fallenden Bezugssystem verschwindet das Führungsfeld gemäß dem Einstein'schen Äquivalenzprinzip lokal. Trotzdem ist das Führungsfeld als mathematisches Konzept auf der Raumzeit vorhanden und kann nicht von dieser losgelöst werden. Es ist nicht an das Vorhandensein von Materie gekoppelt. In diesem Sinne existiert die Raumzeit noch als absoluter Begriff, auch wenn natürlich Metrik, Führungsfeld und Materie dynamisch gekoppelt sind. Auch im Minkowski-Raum (siehe Kap. 2.1) ist das Führungsfeld vorhanden und dafür verantwortlich, dass in einem Nichtintertialsystem Trägheitskräfte (z.B. Zentrifugalkräfte in rotierenden Systemen) auftreten.

Die kosmologische Konstante

Die allgemeinste Form der Einstein'schen Gleichungen erlaubt die Anwesenheit zweier Parameter: der Gravitationskonstante G und der kosmologischen Konstante Λ. Letztere hat die Dimension einer inversen Länge im Quadrat und war von Einstein erst 1917 in seiner Epoche machenden Arbeit zur Kosmologie eingeführt worden. Dort
S. 102
suchte er im Geiste des **Mach'schen Prinzips** nach Lösungen seiner Theorie, bei denen der Materiegehalt die Geometrie eindeutig festlegt. Es sollte also insbesondere keine Vakuumlösungen geben. Um

den Zwang zu vermeiden, im räumlich Unendlichen Randbedingungen zu stellen, forderte Einstein weiter, dass das Universum räumlich geschlossen, also randlos, sei. Für ein räumlich homogenes Universum mit druckloser Materie konnte Einstein nur dadurch eine statische Lösung finden, das so genannte »Einstein-Universum«, dass er die kosmologische Konstante einführte. Nur statische Lösungen erschienen legitim, da es 1917 keinen Hinweis auf ein expandierendes Universum gab. Allerdings hat bereits im selben Jahr de Sitter eine Lösung für ein geschlossenes Universum mit kosmologischer Konstante, aber *ohne* Materie gefunden, das »de Sitter-Universum«. Einsteins Motivation war damit hinfällig geworden. Nachdem man die Expansion des Universums entdeckt hatte, sah Einstein keine Notwendigkeit mehr für die Betrachtung eines Λ-Terms. Die kosmologische Konstante trägt zu den Gleichungen in gleicher Weise bei wie Energie und Impuls von Materie, ist aber nicht an die Anwesenheit von Materie gebunden. Man interpretiert sie deshalb als »Energiedichte des Vakuums«. Diese Energiedichte ist durch den Ausdruck

$$\rho_\Lambda = \frac{\Lambda c^4}{8\pi G} \,. \qquad (37)$$

gegeben. Für $\Lambda > 0$ wirkt diese Energiedichte abstoßend (»Antigravitation«), wofür der mit der kosmologischen Konstante verknüpfte negative Druck verantwortlich ist; nach der Allgemeinen Relativitätstheorie erzeugt auch Druck ein Gravitationsfeld. Die Energiedichte des Vakuums dominiert bei großen Skalen und würde – falls groß genug – das Universum für immer expandieren lassen. Diese Situation wurde in Abb. 30 dargestellt. Man erkennt, dass eine solche Lösung zu einem größeren Alter des Universums führen würde. Unterhalb eines kritischen Wertes für Λ kann das Universum wieder rekollabieren. Der kritische Wert selbst entspricht gerade dem statischen Einstein-Universum, bei dem sich Gravitation der Materie und Antigravitation durch Λ das Gleichgewicht halten; der Radius des Einstein-Universums ist durch $R = 1/\sqrt{\Lambda}$ gegeben. Die statische Situation ist allerdings instabil, so dass sich eine Expansion oder ein Rekollaps nicht aufhalten lassen. Für $\Lambda < 0$ würde immer ein Rekollaps erfolgen.

Was sagen die Beobachtungen über den Wert von R aus? In entfernten Galaxien kann man Supernovae vom Typ Ia beobachten. Deren Energieausbruch kommt zustande, wenn in einem Doppelsternsystem ein Stern ein Weißer Zwerg ist, auf den von seinem Partner so viel Materie fällt, dass die durch [25] gegebene Grenzmasse überschritten wird. Der Weiße Zwerg wird instabil und »explodiert«. Da sich ein solcher Ausbruch immer mit ungefähr der gleichen Leuchtkraft ereignet, können diese Supernovae als »Standardkerzen« benutzt werden. Kennt man nämlich die absolute Leuchtkraft, so kann man aus der beobachteten Helligkeit am Himmel auf die Entfernung schließen. Misst man zusätzlich die Rotverschiebung der Galaxie, in der sich der Ausbruch ereignet, so kann man aus [30] den Hubble-Parameter H_0 (Expansionsrate) und den Verzögerungsparameter q_0 bestimmen. Letzterer enthält Informationen über Beschleunigung oder Verzögerung der Expansion. Da ein $\Lambda > 0$ zur Beschleunigung führen würde, gibt q_0 direkt Aufschluss über die Anwesenheit einer kosmologischen Konstante.

Seit 1998 liegen von zwei internationalen Forschergruppen hierzu detaillierte Ergebnisse vor, die eindeutig für ein positives Λ sprechen. Die Resultate werden üblicherweise in ein Diagramm eingetragen, in dem nach oben Ω_Λ und nach rechts Ω_m aufgetragen sind. Bei diesen Größen handelt es sich um das Verhältnis der Energiedichte des Vakuums ρ_Λ bzw. der Materie ρ_m zur kritischen Dichte [34],

$$\Omega_\Lambda = \frac{\rho_\Lambda}{\rho_c}\,,\ \Omega_m = \frac{\rho_m}{\rho_c}\,. \qquad (38)$$

Das Diagramm ist in Abb. 38 dargestellt, wobei sich die Werte von Ω_Λ und Ω_m mit den angegebenen Wahrscheinlichkeiten in den markierten Flächen befinden. Die verschiedenen Kurven trennen Bereiche, in denen sich das Universum auf die jeweils angegebene Weise verhält.

Zusätzliche Informationen erhält man aus den beobachteten Anisotropien in der kosmischen Hintergrundstrahlung (siehe Kap. 5.3). Von dort weiß man, dass das Universum mit hoher Genauigkeit räumlich flach ist. Das entspricht in Abb. 38 der Linie, die von links oben nach rechts unten läuft und somit quasi orthogonal zu dem Bereich ist, der aufgrund der Supernovabeobachtungen erlaubt ist. Aus dem Schnittpunkt dieser Linie mit den markierten Flächen erhält man für die Energiedichten

$$\Omega_\Lambda \approx 0{,}7\ ,\ \Omega_m \approx 0{,}3\ . \tag{39}$$

Der größte Teil der Energiedichte im Universum rührt also von der Vakuumenergie her – man spricht auch von »dunkler Energie«. Sie bewirkt, dass das Universum momentan *beschleunigt expandiert*. Rätselhaft ist die Tatsache, dass der Übergang in die beschleunigte Phase erst während der Phase der Strukturentstehung erfolgt ist, anstatt sich viel früher oder viel später zu ereignen (»kosmisches Koinzidenzproblem«). Von der Materiedichte ist nur ein geringer Bruchteil sichtbar – der größte Teil bildet die »dunkle Materie«, deren Natur bisher unbekannt ist.

Welche theoretischen Erklärungen gibt es für das Auftreten einer Vakuumenergie? Die Quantenfeldtheorie sagt voraus, dass das Vakuum tatsächlich nicht »leer« ist, sondern voller »virtueller Teilchen«, die einen Energiebeitrag liefern sollten. Ohne Berücksichtigung von Gravitation sind nur Energieunterschiede von Bedeutung, und man kann die Energie des Vakuums auf null normieren. Wegen $E = mc^2$ zählt bei Berücksichtigung der Gravitation aber der Absolutwert der Energie, da jede Form von Energie zur Masse äquivalent ist und ein Gravitationsfeld erzeugt. Quantentheorien der starken, schwachen und elektromagnetischen Wechselwirkung sagen Vakuumenergien voraus, die einem Λ entsprechen würden, das um sehr viele Größenordnungen zu groß wäre! Beispielsweise folgen aus der Theorie der starken Wechselwirkung Vakuumenergien, für die das statische Ein-

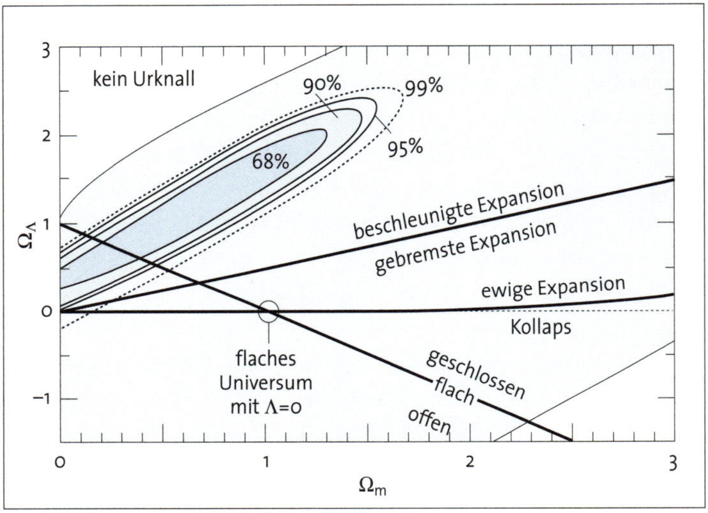

Abb. 38: Resultate der Supernovae-Beobachtungen

stein-Universum einen Radius von nur 13 cm hätte. Eine Berechnung des beobachteten Wertes für Λ kann vermutlich erst in einer fundamentalen Theorie aller Wechselwirkungen erfolgen. Momentan ist das »Problem der kosmologischen Konstante« eines der großen Rätsel der modernen Physik.

Wurmlöcher und Zeitreisen

In Kap. 2.1 wurde im Rahmen der Speziellen Relativitätstheorie das Zwillingsproblem diskutiert: Wegen der Zeitdilatation ist der auf der Erde verbliebene Zwilling älter als der aus dem All zurückgekehrte. In gewissem Sinne handelt es sich bei der Raumfahrt um eine Reise in die Zukunft. Über die Möglichkeit von Reisen in die Vergangenheit wurde in einem anderen Zusammenhang spekuliert – im Zusammenhang mit »Wurmlöchern«.

Ganz allgemein versteht man unter einem Wurmloch eine nichttriviale Konfiguration der Raumzeit, die eine »Abkürzung« zwischen zwei Bereichen der Raumzeit enthält, die ohne das Wurmloch weit auseinander liegen würden oder gar nicht zu erreichen wären (vgl. die Einstein-Rosen-Brücke in Abb. 15).

Wie sich herausstellt, ist das in Abb. 15 dargestellte Wurmloch nicht zum Durchqueren geeignet, da es vorher zerreißt. Michael Morris und Kip Thorne stellten sich Ende der achtziger Jahre die Frage, ob ein stabiles Wurmloch denkbar wäre. Zwei Bedingungen sollten erfüllt sein: Zum einen muss das Loch lange genug offen sein, um einen Beobachter durchzulassen. Zum anderen dürfen die Gezeitenkräfte nicht zu groß werden, da der Beobachter ansonsten Schaden erleidet. Die beiden Physiker fanden, dass diese Bedingungen nur erfüllt werden können, wenn man exotische Materie mit ausreichend großer negativer Energie benutzt. Die negative Energie würde für eine gravitative Abstoßung sorgen, welche die übliche Anziehung kompensieren könnte. Man kennt aus der Quantentheorie negative Energien (Casimir-Effekt), doch sind diese viel zu schwach, um herangezogen zu werden.

Wegen der Verknüpfung von Raum und Zeit zur Raumzeit ist die Möglichkeit einer Abkürzung im Raum auch mit der Möglichkeit einer Abkürzung in der Zeit, einer Zeitreise, verknüpft. Robert Geroch konnte bereits 1966 zeigen, dass bei der Konstruktion eines Wurmloches so genannte geschlossene zeitartige Kurven auftreten, auf denen man in seine eigene Vergangenheit reisen könnte. Üblicherweise ergeben sich bei der Diskussion solcher »Zeitmaschinen« Paradoxa, wie etwa die Möglichkeit, in die eigene Vergangenheit zu reisen, seinen Großvater zu töten und dadurch seine eigene Existenz zu verhindern. Um subtile Probleme im Zusammenhang mit dem freien Willen zu vermeiden, hat man sich darauf beschränkt, einfache Situationen ohne lebende Wesen zu studieren. Stößt man beispielsweise eine Billardkugel in einen der beiden Schlünde des Wurmloches, so kann sie zu einer früheren Zeit aus dem anderen Schlund auftauchen und sich selber derart stoßen, dass der Fall in den ersten Schlund nicht auftritt. Dann kann sie natürlich nicht aus dem anderen Schlund auftauchen, und es ergibt sich ein logischer Widerspruch.

Tatsächlich ist es in diesem Rahmen gelungen, logisch selbstkonsistente Lösungen zu konstruieren. Die Billardkugel läuft dabei nicht direkt auf den ersten Schlund zu, sondern wird erst durch ihre aus dem zweiten Schlund auftauchende Zukunftsversion so angestoßen, dass sie in den ersten Schlund läuft. Interessanterweise gibt es bei gegebenen Anfangsbedingungen unendlich viele selbstkonsistente Lösungen. Überträgt man dies auf lebende Wesen, so würde das bedeuten, dass es in der Natur nur solche Zeitreisen geben kann, die nicht zu Paradoxa führen.

Im Unterschied zu Schwarzen Löchern gibt es keinen bekannten Prozess, durch den Wurmlöcher in der Natur entstehen können. Die obige Diskussion wird deshalb auf absehbare Zeit eine reine Spekulation ohne praktische Bedeutung bleiben.

Der Hawking-Effekt

Wie in Kap. 4.2 erwähnt, sind Schwarze Löcher in ihrem Endzustand sehr einfach. Es genügen drei Parameter, um sie vollständig zu beschreiben: Masse, Drehimpuls, elektrische Ladung. Das erinnert entfernt an Gase, die man makroskopisch vollständig durch wenige Größen wie Druck, Volumen, Temperatur und Entropie beschreiben kann. Es hat sich herausgestellt, dass es für Schwarze Löcher tatsächlich eine Analogie zu thermodynamischen Systemen gibt. Der Temperatur entspricht eine Größe, die man als Oberflächengravitation, abgekürzt κ, bezeichnet. Die Oberflächengravitation gibt die Kraft auf eine Einheitsmasse kurz oberhalb des Ereignishorizontes an, die man weitab vom Loch aufwenden muss, um die etwa an einem langen Faden befestigte Masse vor dem Fall in das Loch zu bewahren.

Wie kann ein Schwarzes Loch eine Temperatur besitzen, wenn nichts aus dem Loch entrinnen kann? Hat der Temperaturbegriff nicht nur dann einen Sinn, wenn es eine Abstrahlung gibt? Den Schlüssel zu einer Antwort liefert die Quantentheorie. Bei der Definition eines Schwarzen Loches wurde diese nicht berücksichtigt, sondern nur die Allgemeine Relativitätstheorie. Stephen Hawking konnte 1974 zeigen, dass ein Schwarzes Loch bei Berücksichtigung der Quantentheorie nicht vollständig schwarz ist, sondern thermische Strahlung aussenden kann. Das ist der Hawking-Effekt. Die zugehörige Temperatur, die Hawking-Temperatur T_H, ist dem Planck'schen Wirkungsquantum $\hbar$ und der erwähnten Oberflächengravitation κ proportional. Sie ist durch den Ausdruck

$$T_H = \frac{\hbar\kappa}{2\pi k_B c} \qquad (40)$$

gegeben, worin k_B die aus der Thermodynamik bekannte Boltzmann-Konstante ist (c ist wieder die Lichtgeschwindigkeit). Für ein kugelsymmetrisches Loch der Masse M gilt $\kappa = c^4/4GM$, weshalb die Hawking-Temperatur dann

$$T_H = \frac{\hbar c^3}{8\pi G k_B M} \qquad (41)$$

beträgt. Für ein Schwarzes Loch mit einer Sonnenmasse entspricht dies einer winzigen Temperatur von $6{,}2 \cdot 10^{-8}$ K – viel zu klein, um beobachtet werden zu können. Höhere Temperaturen erhält man für kleinere Massen. Durch Sternkollaps können aber nur Schwarze Löcher mit mehr als etwa drei Sonnenmassen entstehen. Um die Hawking-Strahlung nachweisen zu können, benötigt man kleine Schwarze Löcher, wie sie nur in der Frühphase des Universums entstanden sein könnten. Bisher ist aber kein solches »primordiales Schwarzes Loch« beobachtet worden.

Eine anschauliche Erklärung des Hawking-Effektes liefert das folgende Bild. Aufgrund der Quantenfeldtheorie ist das Vakuum zu jeder Zeit mit virtuellen Teilchen gefüllt; beispielsweise kann ein

Elektron-Positron-Paar innerhalb kurzer Zeit entstehen und wieder vergehen. Am Ereignishorizont eines Schwarzen Loches kann es passieren, dass ein Teilchen des Paars in das Loch fällt, was es dem Partnerteilchen ermöglicht, ins Unendliche zu entkommen. Diese entkommenden Teilchen bilden die Hawking-Strahlung. Die in dieser Strahlung enthaltene Energie geht dem Schwarzen Loch verloren. (Das ins Loch gestürzte Teilchen hat negative Energie.) Aus diesem Grund nimmt seine Masse stetig ab. Da die Temperatur aber umgekehrt proportional zur Masse ist, siehe [41], wird das Loch durch die Abstrahlung heißer! Irgendwann ist die Masse aufgebraucht, und das Schwarze Loch ist verdampft. Die Zeit hierfür beträgt

$$\tau \approx 10^{65}\left(\frac{M}{M_\odot}\right)^3 \text{Jahre.} \qquad (42)$$

Für Schwarze Löcher mit einer Sonnenmasse ist die Lebensdauer um ein Vielfaches größer als das gegenwärtige Alter des Universums von etwa 10^{10} Jahren. Ein Schwarzes Loch, dessen Lebensdauer mit dem Alter des Universums übereinstimmt, besitzt eine Anfangsmasse von nur $5 \cdot 10^{14}$ Gramm, was der Masse eines kleinen Asteroiden entspricht. Allerdings ist ein solches Loch winzig klein – sein Radius beträgt etwa $4 \cdot 10^{-14}$ cm, was der Größe eines Atomkerns entspricht! Interessanterweise gibt es bereits in der flachen Raumzeit einen Effekt, der Ähnlichkeiten mit dem Hawking-Effekt aufweist. Der Grund ist das Äquivalenzprinzip. Ein Beobachter, der sich mit einer konstanten Beschleunigung durch das Vakuum bewegt, nimmt diese nicht als leer wahr, sondern sieht Teilchen mit einer bestimmten Temperatur. Man spricht hier vom »Unruh-Effekt«, da seine theoretische Beschreibung wesentlich dem Physiker William Unruh zu verdanken ist. Die zugehörige Temperatur erhält man, indem man in [40] κ durch die Beschleunigung a ersetzt:

$$T_H = \frac{\hbar a}{2\pi k_B c} \ . \qquad (43)$$

Für eine Beschleunigung $a = 1\,cm/s^2$ ergibt sich die winzige Temperatur von $4 \cdot 10^{-23}$ Kelvin. Allerdings können Beschleunigungen an Teilchenbeschleunigern Werte der Größenordnung $10^{25} cm/s^2$ erreichen, die eine Beobachtung dieses Effektes in den Bereich des Möglichen rücken. Eine tatsächliche Beobachtung wäre auch eine experimentelle Stütze für den Hawking-Effekt selbst.

Zeitpfeile

Fast alle Grundgleichungen der Physik sind zeitumkehrinvariant. Das bedeutet, dass es zu jeder Lösung eine zeitumgekehrte Version gibt, die auch Lösung der Gleichungen ist. So könnten etwa die Planeten im Sonnensystem genauso gut in die umgekehrte Richtung laufen (wie in einem rückwärts abgespulten Film). Trotzdem beobachtet man in der Natur Klassen von Phänomenen, die eine Zeitrichtung auszeichnen, d.h. bei denen praktisch nur eine Hälfte der Lösungsmenge realisiert ist. Man spricht dabei von Zeitpfeilen. Sie zeigen alle in die gleiche Richtung, was seinen Ursprung in der extremen Ankopplung mikroskopischer Freiheitsgrade an die Umgebung hat. Im Einzelnen unterscheidet man:

- Strahlungszeitpfeil: Das elektromagnetische Feld läuft von seiner lokalen Quelle weg, wobei es im Allgemeinen zu einer Dämpfung der Quelle kommt. Der zeitliche umgekehrte Prozess, bei dem das Feld seiner Quelle zeitlich vorangeht und kohärent auf diese zuläuft und sie anregt, kommt hingegen nicht vor. Das gleiche gilt für andere Felder.
- Thermodynamischer Zeitpfeil: Nach dem Zweiten Hauptsatz der Thermodynamik nimmt die Entropie eines abgeschlossenen Systems im Mittel nie ab. Dadurch ist eine Zeitrichtung ausgezeichnet. Da der Zweite Hauptsatz auch für Gedächtnisinhalte und physiologische Prozesse gilt, ist er für den subjektiven Eindruck des Alterns verantwortlich.

- Quantenmechanischer Zeitpfeil: Obwohl die Grundgleichung der Quantenmechanik (die Schrödinger-Gleichung) zeitumkehrinvariant ist, zeichnet der Messprozess eine Zeitrichtung aus. Klassische Eigenschaften entstehen auf irreversible Weise durch Wechselwirkung mit der Umgebung.
- Zeitpfeil der Gravitation: Die Expansion des Universums zeichnet eine Zeitrichtung aus. Gleichzeitig kommt es durch gravitative Kontraktion zur Ausbildung von Strukturen. Der Unterschied zwischen der heißen Sonne und dem kalten Weltall ermöglicht das Leben auf der Erde.

Da das Universum als Ganzes nur einmalig vorliegt, vermuten viele Autoren, dass die durch die Expansion angezeigte Richtung alle Zeitpfeile festlegt und somit als »Urzeitpfeil« fungiert. Schon Ludwig Boltzmann hat erkannt, dass rein statistische Argumente für eine Begründung der Irreversibilität nicht ausreichen. Schließlich ist in einer zeitumkehrinvarianten Theorie von vornherein kein Zustand wahrscheinlicher als seine zeitgespiegelte Version. Nur wenn sich das Universum in seiner Frühzeit in einem sehr unwahrscheinlichen Zustand befand, musste es sich automatisch in Richtung eines wahrscheinlicheren Zustandes entwickeln und dadurch den Urzeitpfeil definieren. Der Ursprung der Irreversibilität ist also in der Kosmologie zu finden.

Für Gase in einem Kasten ist der wahrscheinlichste Zustand durch die Gleichverteilung der Gasmoleküle im Kasten gegeben. Nicht so in Situationen, für welche die Gravitation von Bedeutung ist – wegen der von ihr bewirkten universellen Anziehung ist der wahrscheinlichere Zustand ein inhomogener, in dem gravitative Kondensation stattgefunden hat. Der extremste Zustand einer solchen Kondensation ist der Gravitationskollaps zu einem Schwarzen Loch. Tatsächlich kann man ausrechnen, dass der wahrscheinlichste Zustand für das Universum vorliegen würde, wenn sich alle Materie in einem

Schwarzen Loch befände! Dass dem nicht so ist, liegt daran, dass das Universum in seiner Frühzeit sehr homogen war. In Bezug auf die Gravitation handelte es sich also um einen extrem unwahrscheinlichen Zustand mit sehr kleiner Entropie.

Lässt sich der unwahrscheinliche Anfangszustand begründen? Aus der Allgemeinen Relativitätstheorie weiß man, dass der Anfang des Universums (der Urknall) eine Singularität gewesen sein muss. Das heißt aber nichts anderes, als dass die Theorie dort zusammenbricht. Um zuverlässige Aussagen über den Beginn des Universums und somit auch über dessen Anfangsbedingungen zu gewinnen, benötigt man also eine Theorie, welche die Allgemeine Relativitätstheorie umfasst, vermutlich eine Theorie der Quantengravitation. Erst dann kann man sichere Aussagen über den Ursprung der Irreversibilität gewinnen.

Quantengravitation

Die Quantentheorie ist ein allgemeiner Rahmen, der sich zur Beschreibung von fast allen Wechselwirkungen bestens bewährt hat. Nur die Gravitation wird bisher durch eine klassische Theorie beschrieben – die Allgemeine Relativitätstheorie. Tatsächlich vermutet man, dass es eine Theorie der Quantengravitation gibt, welche die Einstein'sche Theorie umfasst. Einige Gründe für diese Vermutung seien hier angeführt:

- Vereinheitlichung aller Wechselwirkungen: Die Gravitation koppelt universell an alle Wechselwirkungen. Da diese im nichtgravitativen Fall bereits durch Quantentheorien beschrieben werden, sollte dies in einer einheitlichen Beschreibung der Natur auch auf die Gravitation selbst zutreffen.
- Kosmologie und Schwarze Löcher: Wegen der Singularitätentheoreme bricht die Allgemeine Relativitätstheorie am Urknall und im

Inneren Schwarzer Löcher zusammen. Man hofft, dass eine Theorie der Quantengravitation solche Singularitäten vermeidet – analog zur Vermeidung von Singularitäten in Atomen durch die Quantenmechanik.

- Begriffliche Inkompatibilitäten zwischen Quantentheorie und Allgemeiner Relativitätstheorie.

Der letzte Punkt betrifft in erster Linie das »Zeitproblem«: In der Quantentheorie ist die Zeit wie bei Newton (siehe Kap. 1.3) als absoluter äußerer Begriff vorgegeben. Die Allgemeine Relativitätstheorie hingegen zeichnet sich gerade dadurch aus, dass Raum und Zeit dynamisch sind. Eine Theorie der Quantengravitation sollte also neues Licht auf den Begriff der Zeit werfen. Auf welcher Skala sollten Effekte der Quantengravitation notwendigerweise eine Rolle spielen? Die fundamentalen Konstanten G (Gravitationskonstante), c (Lichtgeschwindigkeit) und $\hbar$ (Wirkungsquantum) lassen sich zu einer fundamentalen Länge kombinieren. Zu Ehren von Max Planck, der dies bereits 1899 erkannt hatte, bezeichnet man sie als Planck-Länge. Sie ist durch

$$l_P = \sqrt{\frac{\hbar G}{c^3}} \approx 1{,}62 \times 10^{-35}\,m \qquad (44)$$

gegeben. Diese Länge ist winzig klein – um 25 Zehnerpotenzen kleiner als ein Atom! Teilchenbeschleuniger dringen bisher nur bis zu einer Länge von etwa 10^{-18} m vor. Um die Planck-Länge direkt zu erreichen, bräuchte man einen Beschleuniger von galaktischen Dimensionen. Analog zur Planck-Länge gibt es auch eine Planck-Zeit und eine Planck-Masse. Diese sind durch die Ausdrücke

$$t_P = \frac{l_P}{c} = \sqrt{\frac{\hbar G}{c^5}} \approx 5{,}4 \times 10^{-44}\,s \qquad (45)$$

und

$$M_P = \frac{\hbar}{l_P c} = \sqrt{\frac{\hbar c}{G}} \approx 2{,}17 \times 10^{-8}\,kg \qquad (46)$$

gegeben. Für ein Teilchen mit Planck-Masse würden Compton-Wellenlänge und Schwarzschild-Radius übereinstimmen – die durch das Teilchen bewirkte Raumkrümmung wäre also nicht mehr vernachlässigbar.

Die in [26] eingeführte Feinstrukturkonstante der Gravitation kann mit Hilfe der Planck-Masse in der Form

$$\alpha_G = \left(\frac{m_p}{M_p}\right)^2 \approx 6 \times 10^{-39} \qquad (47)$$

geschrieben werden, wobei m_p die Protonmasse darstellt. Die Kleinheit dieser Konstante bringt zum Ausdruck, dass Effekte der Quantengravitation in üblichen Situationen der Physik (z.B. Atom- oder Astrophysik) keine Rolle spielen.

Bisher ist keine endgültige Theorie der Quantengravitation bekannt. Allerdings existieren viele Erfolg versprechende Zugänge, von denen Superstringtheorie und kanonische Quantengravitation die bekanntesten sind. Vorläufige Ergebnisse weisen darauf hin, dass die Planck-Länge [44] die kleinste Länge ist, der eine physikalische Bedeutung zukommt. Leider stehen derzeit keine Experimente zur Verfügung, die eine Entscheidung zwischen den einzelnen Ansätzen herbeiführen könnten. Die Suche nach einer konsistenten Theorie der Quantengravitation bleibt die größte Herausforderung der modernen Physik.

Glossar

Allgemeine Relativitätstheorie – Einsteins Theorie, welche Gravitation als Geometrie von Raum und Zeit beschreibt. *s. S. 3, 39f., 115f.*

Äquivalenzprinzip – Gleichwertigkeit eines frei fallenden mit einem im schwerefreien Raum befindlichen Bezugssystem bezüglich aller Naturerscheinungen; eine Konsequenz davon ist die Gleichheit von träger und schwerer Masse. *s. S. 9, 31ff., 52ff.*

Baryon – Elementarteilchen, welches aus drei gebundenen Quarks besteht; bekannteste Vertreter: Proton und Neutron. *s. S. 86, 88*

Chandrasekhar-Grenzmasse – Maximalmasse für einen Weißen Zwerg. *s. S. 67*

Doppler-Effekt – Vergrößerung der Frequenz (Verringerung der Wellenlänge) einer Welle, wenn sich deren Quelle relativ zum Beobachter nähert bzw. Verringerung der Frequenz (Vergrößerung der Wellenlänge), wenn sich die Quelle relativ zum Beobachter entfernt. *s. S. 34, 81*

Dreikörperproblem – Anwendung des Newton'schen Gravitationsgesetzes auf drei Körper. *s. S. 14*

Dunkle Materie – Unsichtbare Materie im Universum, die sich nur durch ihren gravitativen Einfluss bemerkbar macht und deren Natur größtenteils unbekannt ist. *s. S. 88, 93, 107*

Eichtheorie – Formalismus, der von einem Erhaltungssatz und einer starren Symmetrie ausgeht. Wird diese Symmetrie dann lokal gemacht, müssen so genannte Eichfelder eingeführt werden, die an die genannte Erhaltungsgröße (z.B. elektrische Ladung) koppeln. Die grundlegenden Theorien der starken, schwachen und elektromagnetischen Wechselwirkung sind Eichtheorien. *s. S. 37, 99ff.*

Eigenzeit – Zeit, die ein beliebig bewegter Beobachter auf einer mitbewegten Uhr abliest. *s. S. 30, 36f., 71*

Einstein-Gleichungen – Grundgleichungen der Allgemeinen Relativitätstheorie. *s. S. 39f., 74, 82*

Einstein-Ring – Ring von elektromagnetischer Strahlung, der durch die Wirkung einer Gravitationslinse zustande kommt, wenn die Quelle der Strahlung direkt hinter der Linse steht. *s. S. 93*

Elektron – Elementares Fermion mit negativer Ladung. Neben dem Kern Bestandteil von Atomen. *s. S. 28, 66ff., 85*

Ergosphäre – Bereich um ein rotierendes Schwarzes Loch, in dem alle Beobachter gezwungen sind, mit dem Loch zu rotieren. *s. S. 74*

Friedmann-Gleichungen – Spezialfall der Einstein-Gleichungen für ein homogenes und isotropes Universum. *s. S. 82*

Geodätische – Im Raum eine Kurve kürzesten Abstandes zwischen zwei Punkten, in der Raumzeit eine Kurve größter Eigenzeit zwischen zwei Ereignissen. *s. S. 35f., 56, 96f.*

Geodätische Präzession – Effekt der Allgemeinen Relativitätstheorie, nach dem die Achse eines auf einer Geodätischen laufenden Kreisels bezüglich ferner Objekte rotiert. *s. S. 58, 60f.*

Gezeitenkräfte – Differenz von Gravitationskräften (ist die Ursache der Gezeiten); in der Allgemeinen Relativitätstheorie mit dem Riemann'schen Krümmungstensor verknüpft. *s. S. 17*

GPS – Abkürzung für »Global Positioning System.« System von künstlichen Erdsatelliten zur Orts- und Zeitbestimmung auf der Erde. *s. S. 35, 54, 89ff.*

Gravitationslinse – Objekt (typischerweise eine Galaxie), welche das Licht einer weit entfernten Quelle durch ihren gravitativen Einfluss ablenkt. *s. S. 91ff.*

Gravitationswellen – Lösungen der Einstein-Gleichungen, welche die Ausbreitung von periodischen Störungen in der Raumzeit beschreiben. *s. S. 44ff., 63*

Hawking-Effekt – Ausstrahlung von Teilchen mit thermischer Verteilung durch ein Schwarzes Loch. *s. S. 110ff.*

Himmelsmechanik – Anwendung des Newton'schen Gravitationsgesetzes auf das Sonnensystem. *s. S. 15*

Hubble-Parameter – Expansionsrate des Universums. Der gegenwärtige Wert wird als Hubble-Konstante bezeichnet. *s. S. 106*

Inertialsystem – Bezugssystem, in dem es keine Trägheitskräfte gibt. Bei Anwesenheit von Gravitation lokal durch frei fallende Systeme realisiert. *s. S. 22, 26f., 56*

Kepler'sche Gesetze – Grundgesetze der Planetenbewegung, welche sich aus dem Newton'schen Gravitationsgesetz ableiten lassen. *s. S. 8, 11, 16*

Kosmische Hintergrundstrahlung – Thermische Strahlung mit einer Temperatur von ca. drei Kelvin; Überrest von heißer Strahlung des frühen Universums, die sich während der Expansion des Universums abgekühlt hat. *s. S. 77, 87*

Kosmische Zensur – Hypothese, nach der ein Kollaps nicht auf eine sichtbare (nackte) Singularität führen kann. *s. S. 98*

Kosmologische Konstante – Konstante (mit der Dimension einer inversen Länge im Quadrat) in der allgemeinsten Form der Einstein-Gleichungen, welche bei großen (kosmologischen) Skalen dominiert. *s. S. 83, 104f.*

Kruskal-Diagramm – Auch Kruskal-Szekeres-Diagramm genannt. Geeignete Darstellung der globalen Struktur der Schwarzschild-Lösung. *s. S. 71ff.*

Lichtablenkung – Ablenkung des Lichts durch die Sonne oder einen anderen massiven Körper. *s. S. 56f., 69, 91f.*

Lichtkegel – Dreidimensionaler Kegel, entlang dessen sich das Licht (und jede Form von elektromagnetischer Strahlung) von einem Ereignis aus fortpflanzt. *s. S. 26f., 69f., 97*

Lorentz-Kontraktion – Längenkontraktion eines bewegten Objektes in Richtung der Bewegung. *s. S. 29*

Metrik – Abstandsfunktion zwischen zwei Punkten im Raum oder der Raumzeit. *s. S. 37, 99ff, 103f.*

Neutron – Elektrisch neutrales Fermion. Bestandteil des Atomkerns. *s. S. 68f., 85f.*

Neutronenstern – Stern mit einem Radius von etwa 10 km, der im Wesentlichen aus dicht gepackten Neutronen besteht. Wird durch den quantenmechanischen Druck der Neutronen im Gleichgewicht gehalten. *s. S. 46, 62f., 95*

Pauli-Prinzip – Prinzip, wonach sich zwei Fermionen niemals im gleichen Zustand befinden können. *s. S. 66, 68*

Penrose-Diagramm – Darstellung der globalen Struktur einer Raumzeit, in der die Bereiche im Unendlichen durch eine mathematische Transformation ins Endliche gebracht werden. *s. S. 96ff.*

Periheldrehung – Drehung des sonnennächsten Punktes (Perihels) einer Planetenbahn in Bezug auf weit entfernte Fixsterne. *s. S. 50, 57ff., 63*

Photon – Masseloses Teilchen mit Spin eins, das mit dem elektromagnetischen Feld verknüpft ist. *s. S. 53, 86*

Proton – Positiv geladenes Fermion. Bestandteil des Atomkerns. *s. S. 68, 85f.*

Quantengravitation – Noch ausstehende vereinheitlichte Theorie von Gravitation und Quantentheorie. *s. S. 20, 86, 115ff.*

Pulsar – Rotierender Neutronenstern mit Magnetfeld, der Strahlung aussendet. Während der Rotation überstreicht die Strahlung wie ein Leuchtturmstrahl in regelmäßigen Abständen die Erde. *s. S. 62f., 68*

Quasar – Kompaktes, leuchtkräftiges Objekt in großen Entfernungen, dessen Energieausstoß vermutlich durch ein supermassives Schwarzes Loch in seinem Zentrum verursacht wird. *s. S. 56f., 81, 92*

Roche-Grenze – Grenze um einen massiven Körper, innerhalb derer ein zweiter Körper durch Gezeitenkräfte zerrissen würde. *s. S. 17*

Rotverschiebung – Verschiebung einer elektromagnetischen Welle zu höheren Wellenlängen (niedrigeren Frequenzen). *s. S. 33ff., 53f., 92f.*

Schwarzes Loch – Objekt, das üblicherweise durch Sternkollaps entsteht, und aus dem keine Information entweichen kann. *s. S. 65, 73ff., 97f.*

Schwarzschild-Radius – Radius, der das Innere eines Schwarzen Loches von dem äußeren Bereich trennt. *s. S. 41f., 69f., 72*

Schwarzschild-Lösung – Lösung der Einstein-Gleichungen, welche den Außenraum einer kugelsymmetrischen Masseverteilung beschreibt. *s. S. 40, 74, 97f.*

Schwere Masse – Eigenschaft eines Körpers, welche die Stärke seiner Wechselwirkung mit dem Gravitationsfeld beschreibt. *s. S. 6,12, 52*

Singularität – Grenze einer Raumzeit, bei der die Allgemeine Relativitätstheorie ihre Gültigkeit verliert. Üblicherweise ein Bereich mit unendlich großer Krümmung. *s. S. 69ff., 97f., 115f.*

Spezielle Relativitätstheorie – Grenzfall der Allgemeinen Relativitätstheorie bei Abwesenheit von Gravitation. Charakterisiert durch die Existenz eines globalen Inertialsystems. *s. S. 24f., 37, 50*

Spin – Eigendrehimpuls eines Teilchens. Man unterscheidet halbzahligen und ganzzahligen Spin. *s. S. 60, 101f.*

Thirring-Lense-Effekt – Beeinflussung eines lokalen Inertialsystems durch eine rotierende Masse. *s. S. 58, 60ff., 74*

Trägheit – Der Widerstand eines Körpers gegenüber der Beschleunigung durch eine auf ihn wirkende Kraft. *s. S. 5, 103f.*

Unbestimmtheitsrelation – Auch Unschärferelation genannt. Prinzipielle Beschränkung an die gleichzeitige Messbarkeit von physikalischen Größen wie Ort und Impuls. *s. S. 66*

Unruh-Effekt – Phänomen, wonach ein gleichförmiger Beobachter im Vakuum Teilchen mit einem thermischen Spektrum wahrnimmt. *s. S. 113*

Weißer Zwerg – Stern von etwa der Erdgröße, der durch den quantenmechanischen Druck von Elektronen in seinem Gleichgewicht gehalten wird. *s. S. 64f., 68, 106*

Weißes Loch – Zeitumgekehrte Version eines Schwarzen Loches. Kommt vermutlich in der Natur nicht vor. *s. S. 73, 97*

Wirkungsquantum – Universelle Naturkonstante, die mit der Quantentheorie verknüpft ist. *s. S. 66f., 111, 116*

Wurmloch – Nichttriviale Konfiguration der Raumzeit, durch die eine Abkürzung zwischen ansonsten weit entfernten Punkten ermöglicht wird. *s. S. 41, 109f.*

Zeitdilatation – Relative Verlangsamung des Uhrengangs für eine Uhr in Bewegung bzw. eine Uhr im Gravitationsfeld. *s. S. 28f., 53f., 63*

c	**Lichtgeschwindigkeit im Vakuum**	$c \approx 3{,}00 \times 10^{8}\ ms^{-1}$
G	**Gravitationskonstante**	$G = 6{,}67 \times 10^{-11}\ Nm^{2} kg^{-2}$
$\hbar$	**Planck'sches Wirkungsquantum**	$\hbar \approx 1{,}05 \times 10^{-34}\ Js$
l_P	**Planck-Länge**	$l_P = \sqrt{\frac{\hbar G}{c^3}} \approx 10^{-35}\ cm$
t_P	**Planck-Zeit**	$t_P = \sqrt{\frac{\hbar G}{c^5}} \approx 5 \times 10^{-44}\ s$
M_P	**Planck-Masse**	$M_P = \sqrt{\frac{\hbar c}{G}} \approx 10^{-8}\ kg$
m_e	**Elektronenmasse**	$m_e = 9{,}11 \times 10^{-31}\ kg$
m_p	**Protonenmasse**	$m_p = 1{,}67 \times 10^{-27}\ kg$
α_G	**Feinstrukturkonstante der Gravitation**	$\alpha_G = \frac{m_p^2}{\hbar G} \approx 6 \times 10^{-39}$
R_s	**Schwarzschild-Radius**	$R_s = \frac{2GM}{c^2}$
$M_\odot$	**Sonnenmasse**	$1 M_\odot \approx 2 \times 10^{30}\ kg$
pc	**Parsec**	$1 pc \approx 3{,}1 \times 10^{15}\ m$
H_0	**Hubble-Konstante**	$H_0 \approx 70\ km/sMpc$

ALLGEMEINVERSTÄNDLICHE LITERATUR

DARSTELLUNGEN DES GESAMTGEBIETS

Born, M.: Die Relativitätstheorie Einsteins. 6. Auflage. Kommentiert und erweitert von J. Ehlers und M. Pössel. Berlin 2001.

Einstein, A.: Über die spezielle und allgemeine Relativitätstheorie. 23. Auflage. Braunschweig 1988.

Hawking, S. W.: Das Universum in der Nußschale. Hamburg 2001.

Layzer, D.: Das Universum. Aufbau, Entdeckungen, Theorien. Heidelberg 1986.

Mielke, E. W.: Sonne, Mond und ... Schwarze Löcher. Braunschweig 1997.

Schwinger, J.: Einsteins Erbe. Die Einheit von Raum und Zeit. Heidelberg 1987.

Sterne und Weltraum Special 6: Gravitation. Urkraft des Kosmos. Heidelberg 2001.

Thorne, K.: Gekrümmter Raum und verbogene Zeit. Einsteins Vermächtnis. München 1994.

Wheeler, J. A.: Gravitation und Raumzeit. Die vierdimensionale Ereigniswelt der Relativitätstheorie. Heidelberg 1991.

Will, C. M.: ... und Einstein hatte doch recht. Berlin 1989.

DARSTELLUNG VON TEILASPEKTEN

Begelman, M. und Rees, M.: Schwarze Löcher im Kosmos. Die magische Anziehungskraft der Gravitation. Heidelberg 1997.

Börner, G.: Kosmologie. Frankfurt am Main 2002.

Fölsing, A.: Albert Einstein. Eine Biographie. Frankfurt am Main 1995.

Fritzsch, H.: Vom Urknall zum Zerfall. Die Welt zwischen Anfang und Ende. München 1983.

Giulini, D.: Das Problem der Trägheit. In: Philosophia naturalis, Band 39, S. 343–374 (2002).

Giulini, D. und Straumann, N.: Das Rätsel der kosmischen Vakuumenergiedichte und die beschleunigte Expansion des Universums. In: Physikalische Blätter, Band 56, Nr. 11, S. 41–48. Online-Version: http://arXiv.org/abs/astro-ph/0009368.

Hehl, F. W. und Heinicke, C.: Über die Riemann-Einstein-Struktur der Raumzeit und ihre möglichen Gültigkeitsgrenzen. In: Philosophia naturalis, Band 37, S. 317–350 (2000).

Kiefer, C.: Zeitpfeil. In: Der Brockhaus Naturwissenschaften und Technik, S. 2220–22. Heidelberg 2002.

Kiefer, C.: Quantentheorie. Frankfurt am Main 2002.

Kippenhahn, R.: Licht vom Rande der Welt. München 1987.

Linhard, F.: Klassische Mechanik. Frankfurt am Main 2002.

Peterson, I.: Was Newton nicht wußte. Chaos im Sonnensystem. Frankfurt am Main 1997.

Rees, M.: Vor dem Anfang. Eine Geschichte des Universums. Frankfurt am Main 1998.

Schilpp, P. A. (Hg.): Albert Einstein als Philosoph und Naturforscher. Braunschweig 1983.

Silk, J.: Die Geschichte des Kosmos. Vom Urknall bis zum Universum der Zukunft. Heidelberg 1999.

Weinberg, S.: Die ersten drei Minuten. München 1980.

Westfall, R.: Isaac Newton. Heidelberg 1996.

FACHLITERATUR

DARSTELLUNGEN DES GESAMTGEBIETS

Ellis, G. F. R. und Williams, R. M.: Flat and curved space-times. Oxford 1988.

Fließbach, T.: Allgemeine Relativitätstheorie. Mannheim 1990.

Goenner, H.: Einführung in die spezielle und allgemeine Relativitätstheorie. Heidelberg 1996.

Misner, C., Thorne, K. S. und Wheeler, J. A.: Gravitation. San Francisco 1973.

Pauli, W.: Relativitätstheorie. Neu herausgegeben von D. Giulini. Berlin 2000.

Rindler, W.: Relativity. Special, General and Cosmological. Oxford 2001.

Sexl, R. U. und Urbantke, H. K.: Gravitation und Kosmologie. Eine Einführung in die Allgemeine Relativitätstheorie. 5. Auflage. Heidelberg 2002.

Stephani, H.: Allgemeine Relativitätstheorie: eine Einführung in die Theorie des Gravitationsfelds. Berlin 1991.

Straumann, N.: General relativity and relativistic astrophysics. Berlin 1984.

von Meyenn, K. (Hg.): Albert Einsteins Relativitätstheorie. Die grundlegenden Arbeiten. Braunschweig 1990.

Wald, R. M.: General relativity. Chicago 1984.

Weyl, H.: Raum-Zeit-Materie. Vorlesungen über allgemeine Relativitätstheorie. 7. Auflage. Berlin 1988.

Weinberg, S.: Gravitation and cosmology. New York 1972.

DARSTELLUNG VON TEILASPEKTEN

Ashtekar, A. und Stachel, J. J. (Hg.): Conceptual problems of quantum gravity. Boston 1991.

Barbour, J. und Pfister, H. (Hg.): Mach's principle: From Newton's bucket to quantum gravity. Boston 1995.

Ehlers, J.: Gravitationslinsen. Lichtablenkung in Schwerefeldern und ihre Anwendung. München 1999.

Ehlers, J. und Friedrich, H. (Hg.): Canonical gravity: From classical to quantum. Lecture Notes in Physics 434. Berlin 1994.

Falcke, H. und Hehl, F. W. (Hg.): The galactic black hole – Lectures on general relativity and astrophysics. Bristol 2002.

Fré, P., Gorini, V., Magli, G. und Moschella, U. (Hg.): Classical and quantum black holes. Bristol 1999.

Hawking, S. W. und Penrose, R.: Raum und Zeit. Reinbek 2000.

Hehl, F. W., Kiefer, C. und Metzler, R. J. K. (Hg.): Black holes: Theory and observation. Lecture Notes in Physics 514. Berlin 1998.

Kolb, E. W. und Turner, M. S.: The early universe. Cambridge, Massachusetts 1990.

Lämmerzahl, C., Everitt, C. W. F. und Hehl, F. W. (Hg.): Gyros, clocks, interferometers ...: Testing relativistic gravity in space. Lecture Notes in Physics 562. Berlin 2001.

Liddle, A. R. und Lyth, D. H.: Cosmological inflation and large-scale structure. Cambridge 2000.

Sexl, H. und Sexl, R.: Weiße Zwerge, Schwarze Löcher. Einführung in die relativistische Astrophysik. Braunschweig 1981.

Zeh, H.D.: The physical basis of the direction of time. 4. Auflage. Berlin 2001. Siehe auch www.time-direction.de/.

INTERNETADRESSEN

Die meisten der folgenden Adressen enthalten eine Fülle von weiteren nützlichen Links.

www.aei-potsdam.mpg.de
Seite des Max-Planck-Instituts für Gravitationsphysik in Golm bei Potsdam.

www.jpl.nasa.gov/basics
Anwendung der Newton'schen Gravitationstheorie auf die Bewegung von Raumsonden.

www.geo600.uni-hannover.de
Informationen zum Gravitationswellendetektoren GEO600 bei Hannover sowie viele interessante Beiträge zum Thema Gravitationswellen.

http://einstein.stanford.edu/STEP/
Homepage des geplanten STEP-Experiments zum Test des Äquivalenzprinzips.

www.livingreviews.org
Sammlung von ständig aktualisierten Übersichtsartikeln zum Thema Gravitation und Relativitätstheorie.

Literaturhinweise

http://kaluza.physik.uni-konstanz.de/GR
Seite des Fachverbandes Gravitation und Relativitätstheorie der Deutschen Physikalischen Gesellschaft (DPG).

www.maths.qmw.ac.uk/hyperspace
Seite der Internationalen Gesellschaft für Gravitation und Relativitätstheorie.

www.hep.upenn.edu/~max/
Homepage von Prof. Tegmark (University of Pennsylvania) mit vielen Informationen zur Kosmologie.

http://background.uchicago.edu
Homepage von Prof. Hu (University of Chicago) mit vielen Informationen zur Kosmologie.

http://origins.colorado.edu/~ajsh/schw.shtml
Viele Informationen und Simulationen zu Schwarzen Löchern.

www.thp.uni-koeln.de/gravitation
Informationen über die Forschung des Autors.
